国家自然科学基金项目（51678375）资助出版

装配式建筑施工安全风险涌现机制与动态智能诊控方法研究

常春光　孔凡文　毕天平　著

U0157020

东北大学出版社

·沈　阳·

ⓒ 常春光　孔凡文　毕天平　2022

图书在版编目（CIP）数据

装配式建筑施工安全风险涌现机制与动态智能诊控方
法研究 / 常春光，孔凡文，毕天平著. — 沈阳：东北
大学出版社，2022.7
　　ISBN 978-7-5517-3023-5

　　Ⅰ. ①装…　Ⅱ. ①常…　②孔…　③毕…　Ⅲ. ①装配式
构件－建筑施工－安全风险－研究　Ⅳ. ①TU7

中国版本图书馆 CIP 数据核字（2022）第 114281 号

出　版　者：东北大学出版社
　　　　　　地址：沈阳市和平区文化路三号巷 11 号
　　　　　　邮编：110819
　　　　　　电话：024-83680176（总编室）　83687331（营销部）
　　　　　　传真：024-83680176（总编室）　83680180（营销部）
　　　　　　网址：http://www.neupress.com
　　　　　　E-mail：neuph@neupress.com
印　刷　者：沈阳市第二市政建设工程公司印刷厂
发　行　者：东北大学出版社
幅面尺寸：185 mm×260 mm
印　　张：11.5
字　　数：252 千字
出版时间：2022 年 7 月第 1 版
印刷时间：2022 年 7 月第 1 次印刷
责任编辑：郎　坤
责任校对：杨　坤
封面设计：潘正一

ISBN 978-7-5517-3023-5　　　　　　　　　　定　价：48.00 元

前　言

作为一种新型的现代化建造方式，装配式建筑主要采用"标准化建筑构件车间生产、科学化建筑构件装车运输、高效化建筑构件现场组装"的基本模式实现建筑生产活动。与传统的现浇建筑相比，装配式建筑的建造方式具有建造高效、受外界环境影响较小、"四节一环保"（节能、节地、节水、节材和保护环境）等明显优势，正日益成为全球范围内建筑生产领域中未来发展的主导方向。

近年来，我国大力推行现代建筑产业化，着力推广装配式建筑建造方式，装配式建筑得到了快速发展。然而，面向装配式建筑发展的新潮流，相关的新技术、新工艺、新材料、新设备不断涌现，与我国建筑行业施工安全风险意识淡薄、从业人员素质水平偏低、安全监控及时性差、监测手段相对滞后、监测过程粗放之间的矛盾日益凸显。揭示装配式建筑施工安全风险涌现机制，建立装配式建筑施工安全风险动态智能诊控方法，对确保装配式建筑施工安全，最大程度发挥装配式建筑体系的优势，提升装配式建筑施工安全管理水平乃至促进整个建筑产业健康发展具有重大意义。

目前我国装配式建筑施工安全风险监管的成功率与效力仍存在较大的可上升空间。上述问题在科学研究层面，很大程度上归咎于：在复杂的装配式建筑施工安全风险监管环境下，面对大量不确定的装配式建筑动态施工安全风险信息，人们关于装配式建筑施工安全风险因素相互作用机理掌握不够；对事故风险涌现机制揭示、风险信息柔性处理、风险信息受众认知不足；对不确定风险信息规律挖掘缺乏；对信息处理时效性与有效性矛盾解决不力等。笔者提出的装配式建筑施工安全风险涌现机制与动态智能诊控方法，为上述问题提供了一种有效的解决途径。

笔者在建筑生产面临的新环境下，针对装配式建筑施工安全风险复杂特征，提出一种实时性与精确性双驱动的基于涌现驱动的案例推理（E-CBR）与人工免疫算法（AIA）的装配式建筑施工安全风险动态诊控机制与方法，解决有关装配式建筑施工安全风险动态信息难于及时获取、监控信息过于刚性、多种施工安全风险高度耦合、施工安全风险诱发机制揭示不足等方面的新问题，克服装配式建筑施工安全风险动态诊控系统的精确性与实时性矛盾、冷启动与稀疏性等传统难题。并着重研究了定制化施工安全风险控制优化模型，为遏制当前装配式建筑施工安全事故发生提供理论与方法支撑。

全书共分为 7 章：第 1 章装配式建筑施工安全风险涌现机制与动态智能诊控概述、

第2章装配式建筑施工安全风险涌现机制揭示、第3章装配式建筑施工安全风险诊控规则生成、第4章装配式建筑施工安全风险诊控规则融合、第5章定制化装配式建筑施工安全风险诊控方案优化、第6章定制化施工安全风险控制优化模型、第7章离线 AIA 学习与在线 E-CBR 推理的"双线"集约诊控机制。

本书的撰写源于笔者长期以来在相关领域的深入研究成果的提炼与凝结。近年来，几易其稿，并与国内外相关领域专家学者和工程实践人员多次深入交流与探讨，不断完善其知识体系架构与具体研究内容。

本书的撰写主要由沈阳建筑大学的常春光教授、孔凡文教授和毕天平教授完成。参加本书部分内容撰写的还有沈阳建筑大学的博士研究生左卓。

硕士研究生吴溪、赵腾、张赛玉、王嘉源、颜蕊蕊、王雪龙、张文强、马佳林、逄松岩、石秋红、常仕琦、刘芷琦、韩梦瑶、李硕、句秋月、牛抒慧、武晨阳、杨连杰、代宾宾、凌霄雪、赵耀、董慧、赵梓言、王曼青、郑莹、杨宇翔、陈佳鑫、王佳惠、李昀蔚、王辉等在本书撰写过程中，进行了大量前期预研、资料整理及部分内容编写工作。

硕士研究生付深远、袁勋、宋琳、王刚、毛鹏宇、韩子安、王艳艳等在本书撰写过程中，进行了大量现场调研、项目数据采集及部分内容编写工作。

本书得到国家自然科学基金项目"装配式建筑施工安全风险涌现机制与动态智能诊控方法研究（51678375）"的资助出版，在此深表感谢！

另外，与本书相关并给予资助的科研项目还包括：

（1）辽宁省自然科学基金指导计划项目："不确定环境下装配式建筑的施工安全控制模型与智能优化算法研究（2019-ZD-0683）"；

（2）辽宁省高等学校创新人才支持计划项目："面向装配式建筑施工安全控制的动态建模关键技术研究（LR2020005）"。

本书的研究成果得到以上项目的资助，表示感谢！

本书的撰写与出版得到沈阳建筑大学管理学院方方面面的大力支持，还得到沈阳建筑大学城市发展研究院的大力支持，在此一并表示由衷的感谢！

常春光　孔凡文　毕天平

沈阳建筑大学　管理学院

2021 年 10 月

目 录

第1章 装配式建筑施工安全风险涌现机制与动态智能诊控概述

1.1 装配式建筑施工安全风险涌现机制与动态智能诊控的提出背景

装配式建筑与传统的现浇建筑相比，采用"标准化构件制作、高效化现场装配"的基本模式，具有建造高效、"四节一环保"（节能、节地、节水、节材和保护环境）等显著优势，正在逐步成为全球性建筑生产领域中的主流发展方向。

然而，面向装配式建筑发展的新潮流，相关的新技术、新工艺、新材料、新设备不断涌现，与我国建筑行业施工安全风险意识淡薄、从业人员素质水平偏低、安全监控及时性差、监测手段相对滞后、监测过程粗放之间的矛盾日益凸显。揭示装配式建筑施工安全风险涌现机制，建立装配式建筑施工安全风险动态智能诊控方法，对确保装配式建筑施工安全，最大程度发挥装配式建筑体系的优势意义重大。

国际安全工程科学研究领域中著名的"海恩法则"指出，每一起严重事故背后，必然有29次轻微事故和300起未遂先兆，以及1000项事故隐患。"海恩法则"以明确的数据和事实印证了事故隐患、风险征兆、轻微事故、严重事故之间的逐级涌现机制。装配式建筑事故隐患的及时监测与控制极为重要，在提升装配式建筑施工安全管理水平乃至促进整个建筑产业健康发展中的作用日益凸显，相关理论与方法的研究也愈发引起人们的关注，而目前我国装配式建筑施工安全风险监管的成功率与效力仍存在较大的可上升空间。

上述问题在科学研究层面，很大程度上归咎于：在复杂的装配式建筑施工安全风险监管环境下，面对大量不确定的装配式建筑动态施工安全风险信息，人们关于装配式建筑施工安全风险因素相互作用机理掌握不够；对事故风险涌现机制揭示、风险信息柔性处理、风险信息受众认知不足；对不确定风险信息规律挖掘缺乏；对信息处理时效性与有效性矛盾解决不力等。

笔者提出的装配式建筑施工安全风险涌现机制与动态智能诊控方法，为上述问题提供了一种有效的解决途径。

装配式建筑施工安全风险监管是装配式建筑施工安全风险诊控的出发点。目前，大量施工安全风险监管方法的研究，有其独到之处，在很大程度上解决了施工安全风险复杂信息处理问题。但针对装配式建筑的施工安全风险监管方法的研究还较为缺乏，存在一些值得深入研究的问题。

（1）装配式建筑施工安全风险的动态信息及时获取瓶颈还有待于克服

一方面，装配式建筑继承了传统现浇建筑的体积庞大、物理暴露、高处作业、动态推进、生产周期长等鲜明特点，这为装配式建筑施工安全风险监管所需的动态信息的及时收集带来极大的困难，收集完整的装配式建筑施工安全风险信息工作量大，恐怕至少需要几个小时，很难像工业产品生产线那样通过传感器实时传递动态数据并采取实时的控制。另一方面，装配式建筑体系涉及结构装配式设计、施工图设计、构件制作图设计、预制构件生产、主体结构安装施工、设备与管线安装、装修施工安装等多个环节，存在多主体、多层级间的信息接口衔接问题。特别是在国内装配式建筑处于刚刚起步阶段，作业人员素质参差不齐，即使施工图、构件制作图十分完善，也难以确保装配式建筑的正确、安全装配，作业人员素质难于掌控；违章作业、违章指挥、监理监管失职等信息难于及时收集；危险源和安全隐患动态转化。由此，为装配式建筑施工安全风险的实时控制提出巨大的挑战。

（2）装配式建筑施工安全风险监管体系与信息表达柔性化尚需提升

已有研究成果中，典型的施工安全监管体系一般包括监管指标体系构建、指标值监测、风险评价与解决方案等基本环节。所得到的解决方案刚性有余，所提供的信息有限，对装配式建筑施工安全风险的可信度、风险的后果描述以及施工人员方面的风险解决方案的描述不足，降低了装配式建筑施工人员的认知深度，缺乏对风险的感性认识，在一定程度上影响了装配式建筑施工安全风险监管的效果。

（3）装配式建筑多角度施工安全风险监管模式的集成研究仍需深入

从施工安全风险监管的角度来看，许多学者在单一角度施工安全风险的监管方面已经进行了卓有成效的研究。多角度施工安全风险的监管将是重要的研究方向。单一角度装配式建筑施工安全风险的深度监管和多角度装配式建筑施工安全风险的协同集约监管有待于深入研究。从装配式建筑施工安全风险监管的时间特性来看，许多研究成果在静态监管问题上已取得明显成效。静态与动态结合的装配式建筑施工安全风险监管机理还有待于深入研究。

（4）装配式建筑施工安全风险因素的拓扑结构与风险形成机制还值得探索

关于装配式建筑施工安全风险的影响因素的研究成果已经出现，包括施工事故的风险影响因素分析、各因素的聚类分析、各因素与安全事故的关联度分析等。关于各个风险因素通过何种机制诱发装配式建筑施工安全风险与事故的机制研究有待于深入。特别是，不同层级的风险因素，如何通过涌现机制诱发装配式建筑施工安全风险与事故，各层次因素间相互作用的拓扑结构、效力结构等值得深入探索。

（5）装配式建筑施工安全风险监管方法的机制与性能还需进一步优化

围绕装配式建筑施工安全风险监管的性能，许多学者揭示出精确性与实时性间的矛盾是困扰大多装配式建筑施工安全风险监管方法的难题。另外，施工安全风险监管的预案制被认为是目前最为典型的施工安全风险管理机制之一。然而，在装配式建筑施工安全风险监管预案机制下，冷启动与稀疏性问题的克服仍值得进一步研究。

1.2　装配式建筑施工安全风险涌现机制与动态智能诊控方法的价值

针对上述问题，笔者在揭示装配式建筑施工安全风险涌现机制的基础上，提出基于涌现驱动的案例推理（emergence driven case-based reasoning，E-CBR）方法与人工免疫算法（artifical immune algorithm，AIA）的装配式建筑施工安全风险动态智能诊控方法。其中，装配式建筑施工安全动态智能诊控是对施工安全监管进行的全新拓展。经典的施工安全监管可以抽象为一个五元组 $S=\{U, C, D, V, f\}$，其中：U 为非空有限对象集合，称为论域；C 为施工安全风险特征属性集，D 为施工安全风险监管决策属性集；V 为属性值域集；f 是 $U×(C\cup D)→V$ 的映射关系。装配式建筑施工安全风险动态智能诊控则拓展为一个八元组 $S=\{U, C, D_1, D_2, D_3, D_4, V, f\}$，其中：$D_1$，$D_2$，$D_3$ 与 D_4 分别为装配式建筑施工安全风险诊断属性集、诊断决策可信度属性集、安全风险后果描述属性集、安全风险控制方案属性集，f 是 $U×(C\cup D_1\cup D_2\cup D_3\cup D_4)→V$ 的映射关系，其余同上。可见，装配式建筑施工安全风险智能动态诊控是基于传统的施工安全风险监管，针对装配式建筑施工安全事故的特点，强化动态诊断与控制理念，以施工安全风险涌现为基石，以施工安全风险监管为起点，以施工安全风险诊断为手段，以诊断可信度为依据，以安全风险后果描述为表象，以施工安全风险控制方案为主旨的一种全新的装配式建筑施工安全风险管控方法。

装配式建筑施工安全风险涌现机制与动态智能诊控方法研究内容的具体意义如下：

（1）克服装配式建筑施工安全风险动态信息获取瓶颈问题

笔者基于 E-CBR 的内在机理，通过对以往与装配式建筑相关的类似的项目、类似的工序、类似的施工环境、类似的人员状况等间接信息的匹配，得出相近的动态信息，再利用 E-CBR 的案例调整机制，实现对匹配出的历史装配式建筑施工安全风险信息的动态调整与修正，克服装配式建筑施工安全风险的动态信息及时获取的瓶颈。这里，历史的装配式建筑施工安全风险信息通过几种形式获取：一是通过对过去装配式建筑相关施工事故或风险信息采集得到；二是从装配式建筑施工安全风险机理出发，定性评估或定量测算获取；三是利用 AIA 的学习机制分析得出。

（2）拓展装配式建筑施工安全监管的体系范畴

通过拓展装配式建筑施工安全监管的体系范畴，提出装配式建筑施工安全动态诊控方法体系。采用系统化、结构化、柔性化的装配式建筑施工安全风险特征属性集，克服信息收集与处理的零散性、非结构性与刚性化。即运用装配式建筑施工安全风险诊断决策属性集，实现信息处理的标准化；利用装配式建筑施工安全诊断可信度，提高装配式建筑施工安全风险相关信息的客观性；通过安全风险后果描述属性集，提高装配式建筑施工安全风险信息的感性认知性；以安全风险控制方案属性集提升信息处理的灵活性，并提高解决方案的论域的覆盖面。

（3）拓展装配式建筑施工安全风险诊控的角度与模式

在单一角度施工安全风险、静态性诊控方式的基础上，深化多角度装配式建筑施工安全风险诊控、动态不确定性诊控的研究，并实现单一角度与多角度风险、静态与动态不确定等的装配式建筑施工安全风险诊控模式的集成，得出不同情境下装配式建筑施工安全风险诊控规则的生成机制。装配式建筑施工安全风险影响因素复杂，影响装配式建筑施工安全的各种突发事件时有发生。在动态不确定环境下，静态性与动态不确定性结合的诊控方式研究，将有助于以静态性诊控理论与方法为基础，根据实际面临的动态环境，有效地调整诊控方案，特别是对提升装配式建筑安全风险的周期及趋势性规律研究方法具有重要的理论价值与实践指导意义。

（4）探索装配式建筑施工安全风险诊控的多级涌现机制

E-CBR 将探索装配式建筑施工安全风险诊控的多级涌现机制。从表面上看，装配式建筑施工安全风险相关信息是混杂在一起的，缺乏层次性。而实际装配式建筑施工安全风险的形成是一个具有多级结构的推进模式，即由"施工安全风险元素—施工安全风险元组—施工安全风险征兆—施工安全风险状态"整个推进过程构成了一个典型的层级结构。E-CBR 从零散、杂乱的装配式建筑施工安全风险信息中利用涌现机制匹配或识别出各层信息要素后，再从各层信息要素中利用涌现机制匹配可能涉及的上一层次的信息要素，以此类推，完成最终的诊控过程，这一诊控方式是基于装配式建筑施工安全风险形成模式的全过程的诊控方式，将深入刻画装配式建筑施工安全风险诊控的多级涌现机制。

（5）实现装配式建筑施工安全风险诊控机制创新与性能提升

通过 E-CBR 与 AIA 的集约机制，消除装配式建筑施工安全风险诊控精确性与实时性间的矛盾。运用事前的诊控机理提取规则与事后数据挖掘规则相结合的模式，解决装配式建筑施工安全风险诊控时可能出现的冷启动与稀疏性问题。

目前，大部分装配式建筑施工安全风险监管方法是在保证实时性要求的同时，以牺牲监管质量为前提。随着人们对装配式建筑施工安全风险监管机理与实现的深入探讨，装配式建筑施工安全风险监管相关算法的精确性有了明显提高，但随之也带来了算法的复杂度与求解效率问题。装配式建筑施工安全风险监管算法的精确性与实时性成为一对相互矛盾的性能因素。利用 E-CBR 实现在线诊控方案推理的实时性,利用 AIA 实现离线诊控规则学习的精确性,有利于消除上述矛盾。另外,在预案制定中,新型装配式建筑施工安全风险无法获得合适的装配式建筑施工安全风险实例,无法同步做出决策支持而形成冷启动问题;装配式建筑施工安全风险诊控实例的评价项目占项目总数的比例较低时,会影响风险诊控质量而出现稀疏性问题。通过事前诊控机理分析生成规则,并将其与事后诊控规则挖掘相结合,有利于解决上述问题。

另外,本书研究所形成的"装配式建筑施工安全风险涌现机制与动态智能诊控方法",在所选取的一些建筑施工企业的典型装配式建筑项目中进行了应用。在项目研究过程中,通过与某些建筑施工企业的合作,帮助这些企业厘清了装配式建筑施工安全风险因素,分析了典型项目中影响装配式建筑施工安全的主要原因,总结归纳出装配式建筑施工安全控制的主要措施,为这些企业承担的装配式建筑项目的施工安全风险的诊断与控制提出了科学的方法与系统化的解决方案。本书的研究成果,通过在典型装配式建筑项目中的应用,取得了较好的测试效果,提升了装配式建筑项目施工安全风险诊断的精准性与效率;提升了装配式建筑项目施工安全风险控制的有效性。

1.3　相关概念

(1)装配式建筑

装配式建筑是一种区别于传统现浇建筑的新型建造方式,将工业领域的零部件加工生产与组装的理念与模式引入到建筑领域生产中,将大量的现场现浇等作业工作转移到工厂中进行,通过不同类型建筑构件和配件(如楼板、墙板、楼梯、阳台等)的加工制作、运输、吊装、固定与连接等环节,实现建筑的高效、节能、环保生产。

(2)施工安全风险

施工安全风险是指在建筑施工过程中所出现的或者潜在的各类事故风险,具体包括高处坠落、坍塌、物体打击、起重伤害、触电、机械伤害、中毒窒息、火灾、爆炸和其他伤害等各类事故风险。

(3)涌现机制

涌现机制是存在于复杂自适应系统中的源于个体间运动行为,而又形成难以预知的整体行为的一种重要运动机制。涌现理论的主要奠基人约翰·霍兰德(John Holland)在《涌现:从混沌到秩序》一书中这样描述"涌现"现象:"但凡一个过程的整体的行为远比构成它的部分复杂,皆可称为'涌现'。"

(4)动态智能诊控

动态智能诊控是在不断动态变化的外部环境下,合理采用信息化、智能化处理方法与技术手段,实现系统状态的实时评判与诊断,并采取有效控制措施与控制技术手段来实现对系统的实时化、智能化、最优化控制的过程。

1.4 国内外发展现状和趋势

（1）装配式建筑方面

① 在装配式建筑体系方面。

Witzany 等研究了可拆卸的装配式钢筋混凝土建筑体系[1]。Thienel 介绍了德国开放结构轻集料混凝土预制件的新版草案[2]。

② 在装配式建筑设计方面。

徐家麒（2013）提出了预制装配式建筑精细化设计的四个要素：预制构件设计精细化、功能空间灵活性设计精细化、环境适应性设计精细化、安装策略精细化，并对澳大利亚昆士兰 Viridian 五星级度假村装配式建筑群进行了详细分析[3]。

③ 在装配式建筑施工技术方面。

王力尚等（2013）分析了全预制装配式别墅项目结构施工技术的施工要点、适用范围、工艺原理和流程，阐述了相应的环保、安全、质量控制措施等[4]。张建国等（2014）结合沈阳惠生新城公租房项目，介绍了装配整体式结构拆分设计、构件生产、选用及安装控制要点[5]。

④ 在装配式建筑翻新技术方面。

Minarovicová 等（2014）分析了装配式建筑各种系统和其可能的布局修改，研究了装配式建筑的翻新技术[6]。

⑤ 在装配式建筑性能分析方面。

Korkmaz（2011）研究了装配式建筑的抗震性[7]。Silva 等（2013）提出了一种新的现有预制装配式建筑物的外墙改造模块解决方案，并采取优化其性能的措施，使用不同仿真工具进行性能优化以及原型建造[8]。Walker 等（2013）提出在制造主流建筑的预制产品时增加天然材料的使用，提高装配式建筑的环保性[9]。

⑥ 在装配式建筑生产监控方面。

Sard（2010）分析了装配式建筑在降低建筑生产不确定性、提高建筑生产过程有效监控方面的作用[10]。

上述关于装配式建筑方面的研究涉及了装配式建筑体系、装配式建筑设计、装配式建筑施工技术、装配式建筑翻新技术、装配式建筑性能分析、装配式建筑生产监控等方面内容，为装配式建筑的发展建立了一定的基础。面向装配式建筑的施工安全监控方面的研究还有待于进一步深化。

（2）施工安全风险因素分析方面

① 在关联分析方面。

Shin（2015）分析了施工塔吊的安全与拆卸的安全影响因素[11]。Choudhry（2014）研究了施工现场基于行为的施工安全风险因素[12]。

② 在对比分析方面。

Patrick 等（2009）对中国与澳大利亚两国的施工安全影响因素的重要程度进行了调研分析，发现中国主要感知到的施工安全风险源于人员或程序上的问题，按重要程度排序依次为安全教育缺乏、防火防电程序不足等；而澳大利亚的主要施工安全风险影响因素在于环境与施工现场的条件，土地、水与空气的污染排在第一位，其次是无法预测的土层空洞[13]。

③ 在量化处理方面。

Matthew 等（2009）针对每一个施工安全风险程序要素，通过测算其在减轻特定施工安全风险的贡献中所占的比例，实现各个施工安全程序要素的相关效力定量化，识别出高效力的施工安全程序要素[14]。Matthew 等（2009）研究了基于单元活动层面的施工安全风险量化方法[15]。谢楠等（2012）针对模板支架坍塌事故，对一些发生概率较大的人为过失进行测量和统计，分析了人为过失对结构可靠度的影响[16]。

④ 在组合集成方面。

Kyoo-Jin 等（2006）引入了不同风险因素对于安全事故的组合效果的概念，提出了安全规划理论，评估工程项目的风险分配，提出重调度高风险情形的开始时间，防止各个风险因素在同一时期、同一地点集中[17]。

上述研究分别从关联分析、对比分析、量化处理与组合集成等角度，深入地分析了施工安全风险因素的关键要点、风险强度与相互作用等内容，为施工安全风险的监管提供了定性分析与定量数据依据。针对装配式建筑施工安全风险，系统化的递阶风险因素的拓扑结构及其风险效力结构的进一步深入研究将是本领域未来研究中的一个方向。

（3）施工安全风险促发机理方面

① 在风险根源方面。

李鸿伟（2011）从事故产生的根源出发，分析了工程施工现场危险源辨识流程和危险源管理流程，构建了基于危险源管理的施工现场安全管理模型[18]。

② 在致因影响方面。

邢益瑞（2010）对 502 起建设工程事故调查报告内容进行分析总结，并结合专家访谈等方法，分别从定量和定性两个角度，对建设工程事故致因之间的相互影响关系进行综合研究，得到事故致因影响关系矩阵，揭示了事故致因之间的横向关系[19]。宋四新等（2014）研究了工程施工安全风险中的人为因素[20]。

③ 在活动参数方面。

Panagiotis 等（2011）将任务需求评估（TDA）引入施工安全管理中，基于活动操作参数如何变化会导致事故的分析，提出一种测量施工活动风险的新技术，并通过屋顶施工活动与混凝土铺面两项不同的操作验证其可行性与适用性[21]。

④ 在发生机理方面。

Shin 等（2014）对施工人员安全态度与行为建立了系统动力学模型[22]。张孟春等（2012）指出建筑工人的不安全行为是造成安全事故的直接原因，界定了两类直接导致事故的建筑工人不安全行为，分析了不安全行为产生的认知过程，揭示了不安全行为产生的认知机理[23]。房继寒（2014）构建了建筑工程施工安全的群体行为交互影响模型[24]。

诸多学者从事故根源分析、因素影响机制、施工活动参数分析与事故机理形成机制等方面对施工安全风险促发的各个环节进行了全面的研究，为施工安全风险的监管提供了机理性原理。面向装配式建筑施工安全风险监管难题，各个环节的高度集成，基于"复杂系统涌现"机制的装配式建筑施工安全风险促发机理探索，还有待于深入研究。

（4）施工安全风险监管方面

① 在感知模型方面。

Panagiotis 等（2009）指出安全管理研究经历标准化、基于过失与感知工程三个阶段的视角演化过程，构建了一种面向施工安全风险感知的"要求-能力"模型[25]。Matthew 等（2010）引入并验证了一种基于风险的安全与健康分析模型，用于感知特定的工人施工活动的预期风险[26]。裴晓丽（2010）采用多源信息融合技术的 D-S 证据理论法对建筑工程施工全过程中的人、机、环境和管理方面的信息进行分析和预测，解决建筑施工中安全事故及危险源的预测问题[27]。王志齐（2013）提出基于改进 TOPSIS 的高层建筑施工安全风险感知模型[28]。

② 在风险评价方面。

易欣等（2012）针对施工现场安全分析中存在模糊性和难以分辨性的问题，构建了施工现场安全管理的评价指标体系，建立了基于 Vague 集的改进模糊综合评价数学模型[29]。翟家常（2010）通过对建筑企业安全生产状况、建筑业的特点及建筑施工伤亡事故的综合分析，运用事故致因理论、预先危险分析法、MES 风险评价方法、故障树分析法等理论建立了施工安全管理系统评价方法[30]。郑霞忠等（2014）基于 Euclid 理论提出了一种施工安全熵评价方法[31]。杨莉琼等（2013）提出了一种基于二元决策图的建筑施工安全风险评估方法[32]。

③ 在风险识别规则方面。

余宏亮等（2011）提出工程施工风险识别规则的定义，设计了风险识别规则扩展产生式表示、结构化存储的方法，通过总结风险识别规则的内在规律和信息化处理方法，为高效自动识别施工安全风险提供技术支撑[33]。

④ 在安全规划方面。

Wang（2010）研究了基于推理方式的施工安全规划[34]。Garrett 等（2009）将"人的因素分析分类系统"与"人失误意识训练"框架引入到施工安全中，提出了一种面向施工安全的新型失误分析教育性和分类工具，以提高施工安全事件调查与施工安全教育及培训方面的效力[35]。方东平等（2012）构建了建设工程安全生产责任矩阵，以横轴表示建设工程各主体,以纵轴表示建设工程全寿命周期中的各个阶段,交汇点是该主体在该阶段应该承担的安全责任。从理论上梳理建设工程各主体在建筑全寿命周期内的安全责任及管理流程[36]。

⑤ 在系统研发方面。

Kim 等(2014)将 IT 技术应用于施工安全风险感知[37]。丁烈云等(2013)开发了地铁联络通道施工安全风险实时感知预警系统[38]。Ning 等(2012)针对水电站这一大型建筑的施工,在地理信息系统(GIS)强大的空间视觉和分析特性的基础上,研发并实施了一种基于 GIS 的安全检测系统,依据空间数据建模工具,通过所形成的不同透视图,完成施工器械和测量点的特殊建模;实现空间位置形式化与空间数据查询[39]。

已有研究成果分别在施工安全风险感知模型、风险评价、风险识别规则、安全规划以及系统研发等方面进行了卓有成效的研究,极大丰富了施工安全风险监管的理论与方法。多种智能方法的集成应用,实现装配式建筑施工安全风险监管的快速反应效率与风险识别及预案精度方面的研究,是施工安全风险监管领域的未来主攻方向。

(5)E-CBR 与 AIA 方面

① 在涌现方面。

1994 年美国圣菲研究所(Santa Fe Institute, SFI)学派的 Holland 教授正式提出了“复杂适应系统”[40],并指出涌现是其主要特性。涌现作为总体系统行为从多个个体间相互作用中产生出的“系统论”,是一种从单个个体的孤立行为中无法预见甚至无法想象的行为,是一种由小生大、由简入繁、“无中生有”的过程,这些涌现现象由混沌边缘来完成。El-Hani 与 Emmeche(2000)给出了涌现的形式化定义[41]。金士尧等(2010)从复杂系统整体性和涌现的基本概念出发,提出微观到宏观与宏观到微观相结合的整体论分析方法,分析了系统整体性和涌现的区别与联系,探讨了整体性分析中的数学、逻辑和实验(仿真)三种不同方法,给出了适用于分析复杂系统整体性及其涌现的基于整体论的参考体系结构[42]。龚时雨(2012)认为工程系统安全性是一种涌现特性,综合运用复杂性研究成果、功能模拟原理、目标树-成功树建模技术,提出了基于一体化安全风险模型开展涌现鉴别研究的基本方法[43]。目前,涌现机制已成为研究复杂系统的主要出发点。

② 在案例推理(case-based reasoning, CBR)方面。

为提高施工安全风险识别的质量与效率,Goh 等(2010)引入 CBR 方法,研究了施工安全风险的识别问题,着重研究了施工安全风险识别的案例调整过程。通过对匹配出的一个最大化的关联风险识别树与事故案例集合的修剪,实现案例的调整过程[44]。Minor 等(2014)将面向进程的 CBR 应用到云数据管理中[45]。Liu 等(2011)应用 CBR 开发了一个识别施工现场事故预兆的系统框架。该系统将属性划分为六类问题属性与四类解属性,通过识别这些属性来描述事故特征与预兆间的对应案例。该系统采用内核 CBR 结合三类属性的方式实现案例调整[46]。Rubin 等(2014)研究了基于云任务、采集、处理、开发与发布的 CBR 系统[47]。Dufour-Lussier 等(2014)研究了面向进程的 CBR 系统的案例获取方法[48]。

③ 在 AIA 方面。

人工免疫算法（artifical immune algorithm，AIA）是在 1974 年美国诺贝尔奖获得者 Jerne 提出免疫网络理论后被提出的[49]。Savsani 等（2014）基于混合地理生物学，研究了 AIA 与蚁群算法的混合优化算法[50]。Acilar 等（2014）基于人工免疫网络与模拟算法设计了一种自适应模糊分类器[51]。Tsai 等（2012）运用 AIA 自适应调整属性参数来提高识别器的识别性能[52]。Luo 等（2013）提出一种改进的 AIA，将多类协同进化与克隆选择相结合，确保最优聚类中心的计算[53]。Wada 等（2014）在人工免疫系统诊断中，提出一种多错误同时坚持的有效算法[54]。

从现有研究成果来看，涌现机制和 CBR 的研究工作较多，所谓涌现驱动的案例推理（E-CBR）由笔者首次提出，是一种将复杂自适应系统中的涌现（emergence）机制与案例推理（CBR）相结合的新型推理方法。据笔者掌握的文献资料来讲，关于 E-CBR 的研究尚未见到相关报道。与传统的基于模型的方法相比，CBR 不需要显式表达的领域模型，适于解决不良结构问题。AIA 作为一种较新的智能算法，具有多样性解等鲜明优势，适于规则的学习与优化，与 CBR 具有良好的可结合性。然而，经典的 CBR 在条件状态属性值确定时，得出的推理结论是唯一或趋同的，直接应用到施工安全动态诊控中不适用。因为，实际中的施工安全动态诊控状况是，在条件状态属性值确定时，在涌现机制作用下，会涌现多种成功的诊控结论与其相对应。引入涌现机制的 E-CBR 与 AIA 的集成将有助于解决这一难题，显现出更强的生命力。

综上所述，关于装配式建筑、施工安全风险因素分析、施工安全风险促发机理、施工安全风险监管，国内外学者从各个角度已进行了深入研究，获得大量具有学术价值并具有独到见解的研究成果，显著提升了施工安全风险管理领域的科研水准。针对装配式建筑施工安全风险，系统化的递阶风险因素的拓扑结构及其风险效力结构、基于"复杂系统涌现"机制的装配式建筑施工安全风险促发机理、基于多种智能方法的装配式建筑施工安全风险监管的效率与精度提升等方面，是施工安全风险监管领域的未来研究方向，引起国内外学者的重视，并蕴藏着潜在的学术价值。在 E-CBR 与 AIA 方面，许多学者从不同角度研究了 CBR 的机理与实现方法，获得预期效果，显示出 CBR 在智能推理领域与不同应用对象中的生命力。同时，AIA 在规则学习方面优势明显，与 CBR 结合，将提升推理与规则学习性能。引入涌现机制的 E-CBR 与 AIA 的结合将是未来研究的一个新方向。

结合前文现有装配式建筑施工安全风险监管需深入研究的若干问题分析，面向装配式建筑施工安全风险监管，动态诊控信息柔性化与多级涌现机制揭示的集成、单一风险定制化与多维风险协同化诊控的结合、静态性规则提炼与动态性规则挖掘的兼顾、结构化规则获取与非结构化因素描述的统一、精确性诊控与实时性反应的集约是未来装配式建筑施工安全风险监管理论的研究方向。面向随机性、动态性装配式建筑施工安全风险环境，迫切需要提出施工人员深度参与、定制化、协同化与智能化的装配式建筑施工安全风险诊控方法。笔者拓展传统现浇建筑的"施工安全风险监管"为装配式建筑的"施工安全风险诊控"，提出的基于 E-CBR 与 AIA 的装配式建筑施工安全风险动态诊控机制与方法，是探讨上述重要科学问题的一种有效途径，上述分析是本书研究工作的立论依据所在。

1.5　装配式建筑施工安全风险涌现机制与动态智能诊控需要解决的难题

① 刻画与描述由"施工安全风险元素—施工安全风险元组—施工安全风险征兆—施工安全风险状态"所构成的装配式建筑施工安全风险多级涌现机制。

② 面向装配式建筑施工安全风险涌现机制刻画与动态智能诊控的 E-CBR 与 AIA 集约时的相互改进机制与实现策略。

③ 正向与逆向双出发点导向下的双向装配式建筑施工安全风险诊控规则的提取与表达。

④ 装配式建筑施工安全风险双向诊控规则的融合机制与方法。

1.6　本书的主要内容

总体上围绕装配式建筑施工安全风险涌现与动态诊控问题，研究了装配式建筑施工安全风险涌现机制揭示、离线诊控规则学习与在线诊控方案推理三大体系内容，在装配式建筑施工安全风险异态多级涌现机制揭示的基础上，实现实时性与精确性双驱动的 E-CBR 与 AIA 集约诊控机制，研究"正逆互补、静动结合"的装配式建筑施工安全风险动态诊控规则生成方法，其架构如图 1.6-1 所示。

（1）异态多级装配式建筑施工安全风险涌现机制揭示

分析装配式建筑施工安全风险的风险元素、风险元组、风险特征、风险状态所形成的递阶层次关系。研究装配式建筑施工安全风险的内在涌现机制，包括涌现模式、涌现计量、涌现条件、涌现规则等；描述以"施工安全风险元素—施工安全风险元组—施工安全风险特征—施工安全风险状态"为主线的装配式建筑施工安全风险逐级涌现机制。构建多形态施工安全风险涌现的动力学模型。

（2）双向装配式建筑施工安全风险诊控规则生成

在正向，从装配式建筑施工安全风险涌现机制揭示中获取规律出发，研究装配式建筑施工安全风险元组、施工安全风险特征、施工安全风险状态的诊控机理与规则化显性

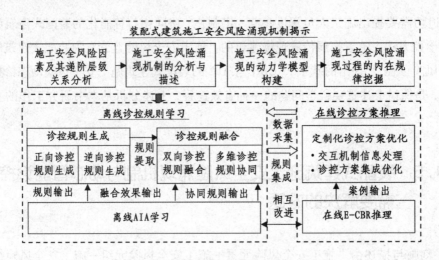

图 1.6-1　研究内容体系架构

表达方法。在逆向，基于采集的装配式建筑施工安全风险事故的大量数据，基于 AIA，挖掘装配式建筑施工安全风险的静态与动态诊控规则。

（3）基于自学习机制的装配式建筑施工安全风险诊控规则融合

针对正向机理诊控规则集与逆向挖掘诊控规则集合并后出现的规则冗余、规则冲突、规则偏差等问题，研究正向机理规则与逆向挖掘规则融合的方式。研究多维诊控规则间的可协同性与处理方式，提炼多风险协同诊控规则、实现多维诊控规则集成案例化的双重目标。

（4）面向充分诊控的离线 AIA 学习

鉴于 AIA 处于离线处理部分，不会影响整个诊控系统的时效性，以提高诊控规则学习算法的稳定性、可操作性为重点，具体开展如下研究：面向装配式建筑施工安全风险诊控机制，研究 AIA 中的抗原（抗体）编码、抗原识别、初始抗体群产生、亲和力计算、克隆选择、群体更新等环节在装配式建筑施工安全风险诊控规则生成中参数优化的具体实现方式。

（5）定制化装配式建筑施工安全风险诊控方案优化

研究基于人机交互方式的施工安全风险诊控噪声信息辨识与消除、风险诊控问题的快速映射技术；研究定制化数据统计与测算、反馈与引导互动机制；研究面向装配式建筑施工安全风险诊控方案动态链接结构优化、定制化风险诊控方案集成；研究定制化的事故概率导向类、事故损失导向类、安全水平导向类、投入水平导向类、其他控制导向类等施工安全风险控制优化模型与求解方法。

（6）面向即时诊控的在线 E-CBR 推理

在离线学习获取装配式建筑施工安全风险诊控规则的基础上，研究在线 E-CBR 推理的实现方法，生成定制化实时诊控方案。具体内容包括：面向装配式建筑施工安全风险诊控实时性要求, 结合规则的集成案例化的需求, 研究 E-CBR 在装配式建筑施工安全风险诊控方案的涌现型案例表达、涌现型案例匹配、涌现型案例调整与涌现型案例维护环节的实现方法。

第2章 装配式建筑施工安全风险涌现机制揭示

2.1 装配式建筑施工安全风险涌现机制揭示的实现方案框架

装配式建筑施工安全风险涌现机制揭示的实现方案框架如图 2.1-1 所示，主要包括装配式建筑施工安全风险的因素与递阶层次关系分析、异态多级涌现机制分析与描述、动力学模型构建、涌现内在规律挖掘的实现方案。

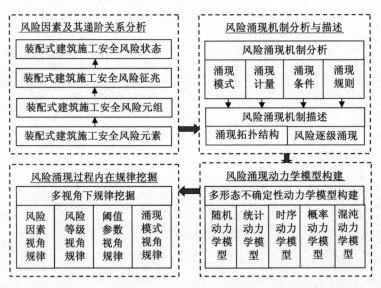

图 2.1-1 装配式建筑施工安全风险涌现机制揭示的实现方案框架

2.2 装配式建筑施工安全风险因素与递阶层次关系分析

综合应用头脑风暴法、专家评判法、鱼刺图法，归纳出影响装配式建筑施工安全风险的各个因素，形成装配式建筑施工安全风险因素集。

从复杂自适应系统(CAS)的涌现视角出发，分析装配式建筑施工安全风险相应的四

14

级因素(施工安全风险元素)、三级因素(施工安全风险元组)、二级因素(施工安全风险征兆)和一级因素(施工安全风险状态)所形成的递阶层次关系。装配式建筑施工安全影响因素及其递阶层级关系如图 2.2-1 所示。

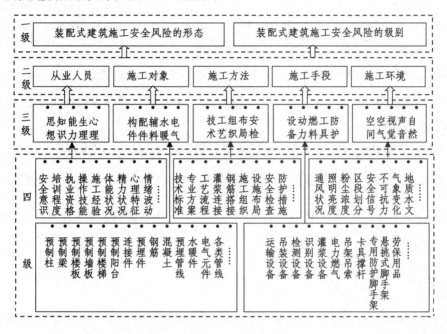

图 2.2-1 装配式建筑施工安全影响因素及其递阶层级关系

2.3 装配式建筑施工安全风险涌现机制分析与描述

2.3.1 装配式建筑施工安全风险评价因素基本赋权方式

安全风险评价因素赋权是装配式建筑施工安全风险涌现的重要基础。常见的方法包括德尔菲法(Delphi method, DM)、逐对比较法、KLEE 法、变异系数法、最小平方法、层次分析法(AHP)、序关系分析法(G1-法)、拉开档次法(scatter degree method, SDM)、熵权法(entropy method, EM)等。除此之外还有主成分分析法、因子分析法、模糊互补判断矩阵、属性数学、物元分析、集对分析、结构方程等方法。此处重点对常见的方法加以梳理。

设影响装配式建筑施工安全风险的某一级某个因素 A 下面有 n 个具体影响因素,分别为 B_1, B_2, $\cdots$, B_n。各种赋权方式具体描述如下。

(1)德尔菲法(Delphi method, DM)赋权

步骤 1:将赋权调查表发给 m 个专家,要求每位专家给出影响因素 B_1, B_2, $\cdots$, B_n 的关于因素 A 的权重向量值 $W_j = (w_{j1}, w_{j2}, \cdots, w_{jn})$, $j = 1, 2, \cdots, m$。

步骤 2：统计出 m 个专家权重向量的中位数 $\boldsymbol{W}^{*} = (w_1^{*}, w_2^{*}, \cdots, w_n^{*})$；权重向量的上四分点 $\boldsymbol{W}^{(u)} = (w_1^{(u)}, w_2^{(u)}, \cdots, w_n^{(u)})$；权重向量的下四分点 $\boldsymbol{W}^{(l)} = (w_1^{(l)}, w_2^{(l)}, \cdots, w_n^{(l)})$。

步骤 3：将权重向量的 3 个统计量 $\boldsymbol{W}^{*} = (w_1^{*}, w_2^{*}, \cdots, w_n^{*})$，$\boldsymbol{W}^{(u)} = (w_1^{(u)}, w_2^{(u)}, \cdots, w_n^{(u)})$ 和 $\boldsymbol{W}^{(l)} = (w_1^{(l)}, w_2^{(l)}, \cdots, w_n^{(l)})$ 反馈给 m 个专家。

步骤 4：要求各位专家参考上述 3 个统计量重新调整影响因素 B_1，B_2，$\cdots$，B_n 的关于因素 A 的权重值 $\boldsymbol{W}_j = (w_{j1}, w_{j2}, \cdots, w_{jn})$，$j = 1, 2, \cdots, m$。并征求给出上下四分点之外数值的专家的评论。

步骤 5：若循环次数没到 2 次，执行步骤 2 到步骤 4；否则，到步骤 6。

步骤 6：计算出 m 个专家权重向量的均值 $\overline{\boldsymbol{W}} = (\overline{w}_1, \overline{w}_2, \cdots, \overline{w}_n)$，其中，$\overline{w}_j = \sum_{i=1}^{m} w_{ji}/m$，$j = 1, 2, \cdots, n$。将 $\overline{\boldsymbol{W}} = (\overline{w}_1, \overline{w}_2, \cdots, \overline{w}_n)$ 作为影响因素 B_1，B_2，$\cdots$，B_n 的关于因素 A 的最终权重值。

（2）逐对比较法赋权

步骤 1：令 $i = 1$。

步骤 2：依次比较因素 B_i 与因素 B_i，B_{i+1}，$\cdots$，B_n 对于因素 A 的重要程度。重要的因素得 1 分，不重要的因素得 0 分，因素 B_i 与因素 B_i 比较得 1 分。

步骤 3：令 $i = i+1$。若 $i \neq n-1$，到步骤 2；否则到步骤 4。

步骤 4：统计每一个因素 B_i 的得分值，分别为 v_1，v_2，$\cdots$，v_n。

步骤 5：计算 $w_i = v_i / \sum_{j=1}^{n} v_j$，$i = 1, 2, \cdots, n$；得出的向量 $\boldsymbol{W} = (w_1, w_2, \cdots, w_n)$ 为因素 B_i，B_{i+1}，$\cdots$，B_n 对于因素 A 的权重向量。

（3）KLEE 法赋权

步骤 1：依次评价出因素 B_k 与因素 B_{k+1} 对于因素 A 的影响的相对重要程度之比 $r_k(k = 1, 2, \cdots, n-1)$。

步骤 2：将最后一个因素 B_n 的绝对重要程度 b_n 设为 1，依据 r_k 值以此计算出因素 B_k 的绝对重要程度 $b_{k-1} = r_{k-1}b_k(k = 1, 2, \cdots, n-1)$。

步骤 3：计算 $H = \sum_{k=1}^{n} b_k$。

步骤 4：计算每一个因素 B_k 的权重值 $w_k = b_k/H(k = 1, 2, \cdots, n)$。

（4）变异系数法赋权

变异系数法的步骤如下[55]：

步骤 1：分别搜集 m 个项目的影响因素 B_1，B_2，$\cdots$，B_n 的评价值。由 n 个影响因素构成的评价值矩阵为：

$$\boldsymbol{X} = \{x_{ij}\}_{n \times m} = \begin{bmatrix} x_{11} & x_{12} & \cdots & x_{1m} \\ x_{21} & x_{22} & \cdots & x_{2m} \\ \vdots & \vdots & & \vdots \\ x_{n1} & x_{n2} & \cdots & x_{nm} \end{bmatrix} \tag{2.3-1}$$

步骤 2：计算每个影响因素的均值 $\bar{x}_i = \sum\limits_{j=1}^{m} x_{ij}/m$，$i = 1, 2, \cdots, n$。

步骤 3：计算每个影响因素的标准差 $\sigma_i = \left[\sum\limits_{j=1}^{m} (x_{ij} - \bar{x}_i)^2 /m \right]^{1/2}$，$i = 1, 2, \cdots, n$。

步骤 4：计算每个影响因素的标准差系数 $V_i = \sigma_i / \bar{x}_i$，$i = 1, 2, \cdots, n$。

步骤 5：计算每个影响因素的权重值 $w_i = V_i \Big/ \sum\limits_{j=1}^{m} V_j$，$i = 1, 2, \cdots, n$。

（5）最小平方法赋权

n 个影响因素比较，设影响因素 i 对影响因素 j 的相对重要性的估计值为 a_{ij}，并近似为权重比 w_i/w_j，则有：

$$\boldsymbol{A} = \{a_{ij}\}_{n \times n} = \begin{bmatrix} a_{11} & a_{12} & \cdots & a_{1n} \\ a_{21} & a_{22} & \cdots & a_{2n} \\ \vdots & \vdots & & \vdots \\ a_{n1} & a_{n2} & \cdots & a_{nn} \end{bmatrix} \approx \begin{bmatrix} w_1/w_1 & w_1/w_2 & \cdots & w_1/w_n \\ w_2/w_1 & w_2/w_2 & \cdots & w_2/w_n \\ \vdots & \vdots & & \vdots \\ w_n/w_1 & w_n/w_2 & \cdots & w_n/w_n \end{bmatrix} \tag{2.3-2}$$

若决策人对 a_{ij}（$i, j = 1, 2, \cdots, n$）的估计一致，则有：$a_{ij} = 1/a_{ji}$，$a_{ij} = a_{ik}a_{kj}$，且总有 $a_{ii} = 1$（$i = 1, 2, \cdots, n$）。若估计不一致，则只有 $a_{ij} = w_i/w_j$。一般来说，总有 $a_{ij}w_j - w_i \neq 0$，但可以选择一组权重（w_1，w_2，$\cdots$，w_n）使得其误差平方和最小，即 $\min\left\{ Z = \sum\limits_{i=1}^{n} \sum\limits_{j=1}^{n} (a_{ij}w_j - w_i)^2 \right\}$。其中：$\sum\limits_{i=1}^{n} w_i = 1$，$w_i > 0$（$i = 1, 2, \cdots, n$）。构造拉格朗日函数：$L = \sum\limits_{i=1}^{n} \sum\limits_{j=1}^{n} (a_{ij}w_j - w_i)^2 + 2\lambda \left(\sum\limits_{i=1}^{n} w_i - 1 \right)$。

对 w_i 微分得到 $\partial L/\partial w_l = 2 \sum\limits_{i=1}^{n} (a_{il}w_j - w_i)a_{il} - 2 \sum\limits_{i=1}^{n} (a_{lj}w_j - w_l) + 2\lambda = 0$（$l = 1, 2, \cdots, n$）。此式和 $\sum\limits_{i=1}^{n} w_i = 1$ 构成了 $n+1$ 个非齐次线性方程组，有 $n+1$ 个未知数，故可求得一组唯一的解。写成矩阵形式有：$\boldsymbol{BW} = \boldsymbol{M}$。其中：

$$B = \begin{bmatrix} \sum_{\substack{i=1 \\ i\neq 1}}^{n} a_{i1}^2 + n - 1 & -(a_{12}+a_{21}) & \cdots & -(a_{1n}+a_{n1}) \\ -(a_{21}+a_{12}) & \sum_{\substack{i=1 \\ i\neq 1}}^{n} a_{i2}^2 + n - 1 & \cdots & -(a_{2n}+a_{n2}) \\ \vdots & \vdots & & \vdots \\ -(a_{n1}+a_{1n}) & -(a_{n2}+a_{2n}) & \cdots & \sum_{\substack{i=1 \\ i\neq 1}}^{n} a_{in}^2 + n - 1 \end{bmatrix} \quad (2.3\text{-}3)$$

$$W = (w_1, w_2, \cdots, w_n)^T \quad (2.3\text{-}4)$$
$$M = (-\lambda, -\lambda, \cdots, -\lambda)^T \quad (2.3\text{-}5)$$

最小平方法赋权的主要步骤如下[55]：

步骤1：对影响因素 i 对因素 j 的相对重要性比值 a_{ij} 进行估计，得到 A。

步骤2：求解 $n+1$ 个非齐次线性方程组 $BW=M$。

得到的 $W=(w_1, w_2, \cdots, w_n)^T$ 为影响因素 B_1, B_2, $\cdots$, B_n的权重。

（6）层次分析法（AHP）赋权

步骤1：建立衡量所有影响因素相对重要程度的判断矩阵：

$$B = \{b_{ij}\}_{n\times n} = \begin{bmatrix} b_{11} & b_{12} & \cdots & b_{1n} \\ b_{21} & b_{22} & \cdots & b_{2n} \\ \vdots & \vdots & & \vdots \\ b_{n1} & b_{n2} & \cdots & b_{nn} \end{bmatrix} \quad (2.3\text{-}6)$$

步骤2：将判断矩阵 B 按列做归一化处理，得到 $\overline{b_{ij}}$，即

$$\overline{b_{ij}} = \frac{b_{ij}}{\sum_{k=1}^{n} b_{kj}} \quad i,j = 1,2,\cdots,n \quad (2.3\text{-}7)$$

步骤3：将 $\overline{b_{ij}}$ 按行相加，并对 $\overline{W_i}$ 进行归一化处理，进而得到 W。

$$\overline{W_i} = \sum_{j=1}^{n} b_{ij} \quad i=1,2,\cdots,n \quad (2.3\text{-}8)$$

$$W_i = \frac{\overline{W_i}}{\sum_{i=1}^{n} \overline{W_i}} \quad i=1,2,\cdots,n \quad (2.3\text{-}9)$$

$$W = (W_1, W_2, \cdots, W_n)^T \quad (2.3\text{-}10)$$

则 W 即为所求的特征向量，其中 W_i 为影响因素 B_i 的权重值。

步骤4：计算 W 的最大特征值 λ_{max}，式（2.3-11）中，$(BW)_i$ 表示向量 BW 的第 i 个元素。

$$\lambda_{\max} = \frac{1}{n} \sum_{i=1}^{m} \frac{(\boldsymbol{BW})_i}{W_i} \tag{2.3-11}$$

步骤 5：进行一致性检验，保证每个指标之间重要度的协调性。

$$CI = (\lambda_{\max} - n)/(n - 1) \tag{2.3-12}$$

$$CR = CI/RI \tag{2.3-13}$$

其中，CI 为一般一致性指标，RI 为平均随机一致性指标，可查表得到。CR 作为判断矩阵的随机一致性比率，当 $CR \leqslant 0.10$ 时，说明这个判断矩阵拥有满意的一致性，判断矩阵可以应用；否则，需要调整判断矩阵，重新计算。

（7）序关系分析法（G1-法）赋权

序关系分析法赋权的主要步骤如下[56]：

步骤 1：确定序关系。

影响因素 B_1，B_2，$\cdots$，B_n 相对于上一级影响因素 A 具有关系式 $B_1^* \succ B_2^* \succ \cdots \succ B_n^*$ 时，则称评价指标 B_1，B_2，$\cdots$，B_n 之间按 "$\succ$" 确立了序关系。其中，B_j^* 表示 $\{B_j\}$ 按序关系 "$\succ$" 排定顺序后的第 j 个评价指标。$B_j > B_{j+1}$ 表示评价指标 B_j（$j = 1$，2，$\cdots$，n）相对于上一级影响因素 A 的重要性程度大于（或不小于）B_{j+1}。评价指标集 $\{B_1$，B_2，$\cdots$，$B_n\}$ 可按下述步骤建立序关系：

步骤 1.1：决策者在指标集 $\{B_1$，B_2，$\cdots$，$B_n\}$ 中，选出认为是最重要（关于影响因素 A）的一个（只选一个）指标记为 B_1^*。

步骤 1.2：决策者在余下的 $n - 1$ 个指标中，选出认为是最重要（关于影响因素 A）的一个（只选一个）指标记为 B_2^*。

步骤 1.3：以此类推，决策者经过 $n-1$ 次挑选剩下的评价指标记为 B_n^*。

这样，就唯一确定了一个序关系 $B_1^* \succ B_2^* \succ \cdots \succ B_n^*$。为书写方便且不失一般性，以下仍记为 $B_1 > B_2 > \cdots > B_n$。

步骤 2：给出 B_{k-1} 与 B_k 间相对重要程度的比较判断。

设关于评价指标 B_{k-1} 与 B_k 的重要性程度之比 w_{k-1}/w_k 的理性判断分别为 $w_{k-1}/w_k = r_k$，$k = 2$，3，$\cdots$，m。当 n 较大时，由序关系 $B_1 > B_2 > \cdots > B_n$ 可取 $r_n = 1$。r_k 按重要性程度比较赋值，可取 1.0，1.2，1.4，1.6 和 1.8。关于 r_k 之间的数量约束，有规定：若 B_1，B_2，$\cdots$，B_n 具有序关系 $B_1 > B_2 > \cdots > B_n$，则 r_{k-1} 与 r_k 必满足 $r_{k-1} > 1/r_k$，$k = 2$，3，$\cdots$，n。

步骤 3：权重系数 w_k 的计算。

若决策者给出 r_k 的理性赋值满足关系式 $B_1 > B_2 > \cdots > B_n$，则 $w_n = \left(1 + \sum_{k=2}^{n} \prod_{j=k}^{n} r_j \right)^{-1}$，而 $w_{k-1} = r_k w_k$，$k = 2$，3，$\cdots$，n。

（8）拉开档次法（scatter degree method，SDM）赋权

设因素 A 下面有 n 个极大型具体影响因素，分别为 B_1，B_2，$\cdots$，B_n。$\boldsymbol{w} = (w_1, w_2, \cdots, w_n)^{\mathrm{T}}$ 是 n 维待定正向量（即权系数向量），$\boldsymbol{x} = (x_1, x_2, \cdots, x_m)^{\mathrm{T}}$ 为评价对

象状态向量。评价对象的综合评价函数如式(2.3-14)所示。

$$y = \sum_{i=1}^{n} w_i x_i = \boldsymbol{w}^{\mathrm{T}} \boldsymbol{x} \tag{2.3-14}$$

如将第 i 个评价对象的 n 个标准观测值 $x_{i1}, x_{i2}, \cdots, x_{in}$ 代入式(2.3-14)，有式(2.3-15)，若如式(2.3-16)表示，则式(2.3-15)可写成式(2.3-17)。

$$y_i = \sum_{j=1}^{n} w_j x_{ij} \quad i = 1, 2, \cdots, m \tag{2.3-15}$$

$$\boldsymbol{y} = \begin{bmatrix} y_1 \\ y_2 \\ \vdots \\ y_n \end{bmatrix}, \boldsymbol{A} = \begin{bmatrix} x_{11} & x_{12} & \cdots & x_{1n} \\ x_{21} & x_{22} & \cdots & x_{2n} \\ \vdots & \vdots & & \vdots \\ x_{m1} & x_{m2} & \cdots & x_{mn} \end{bmatrix} \tag{2.3-16}$$

$$\boldsymbol{y} = \boldsymbol{A}\boldsymbol{w} \tag{2.3-17}$$

确定权系数向量 $\boldsymbol{w}$ 的准则是求指标向量 $\boldsymbol{x}$ 的线性函数 $\boldsymbol{w}^{\mathrm{T}}\boldsymbol{x}$，使此函数对 n 个评价对象取值的分散程度或方差尽可能地大[56]。而变量 $\boldsymbol{y} = \boldsymbol{w}^{\mathrm{T}}\boldsymbol{x}$ 按 n 个评价对象取值构成样本的方差为：

$$s^2 = \frac{1}{m} \sum_{i=1}^{m} (y_i - \bar{y})^2 = \frac{\boldsymbol{y}^{\mathrm{T}}\boldsymbol{y}}{m} - \bar{y}^2 \tag{2.3-18}$$

将 $\boldsymbol{y} = \boldsymbol{A}\boldsymbol{w}$ 代入式(2.3-18)中，并注意到原始数据的标准化处理，可知 $\bar{y} = 0$，于是有式(2.3-19)，其中，$\boldsymbol{H} = \boldsymbol{A}^{\mathrm{T}}\boldsymbol{A}$ 为实对称矩阵。

$$ms^2 = \boldsymbol{w}^{\mathrm{T}}\boldsymbol{A}^{\mathrm{T}}\boldsymbol{A}\boldsymbol{w} = \boldsymbol{w}^{\mathrm{T}}\boldsymbol{H}\boldsymbol{w} \tag{2.3-19}$$

显然，对 $\boldsymbol{w}$ 不加限制时，式(2.3-19)可取任意大的值。这里限定 $\boldsymbol{w}^{\mathrm{T}}\boldsymbol{w} = 1$，求式(2.3-19)的最大值[56]，也就是选择 $\boldsymbol{w}$，使得：

$$\max \boldsymbol{w}^{\mathrm{T}}\boldsymbol{H}\boldsymbol{w} \tag{2.3-20}$$

$$\mathrm{s.t.} \quad \boldsymbol{w}^{\mathrm{T}}\boldsymbol{w} = 1 \tag{2.3-21}$$

$$\boldsymbol{w} > 0 \tag{2.3-22}$$

拉开档次法赋权的主要步骤如下：

步骤1：运用 G1-法给出各项指标 x_j 的权重系数 $\rho_j (j = 1, 2, \cdots, n)$。

步骤2：令 $X_{ij} = \rho_j x_{ij}$，$j = 1, 2, \cdots, n$；$i = 1, 2, \cdots, m$。

步骤3：运用 AIA 求解式(2.3-20)到式(2.3-22)组成的规划问题，得出所有 $w_j \geqslant 0$。

步骤4：归一化 w_j，$j = 1, 2, \cdots, n$，结束。

(9)熵权法(entropy method, EM)赋权

步骤1：建立初始数据矩阵。设邀请 m 个专家对装配式建筑施工风险测度影响因素进行赋值，则由 n 个影响因素构成的矩阵为：

$$\boldsymbol{X} = \{x_{ij}\}_{n \times m} = \begin{bmatrix} x_{11} & x_{12} & \cdots & x_{1m} \\ x_{21} & x_{22} & \cdots & x_{2m} \\ \vdots & \vdots & & \vdots \\ x_{n1} & x_{n2} & \cdots & x_{nm} \end{bmatrix} \tag{2.3-23}$$

步骤 2：将参数化的评价矩阵进行归一化处理。主要目的是筛去影响因素间无法度量的部分。经过处理后的矩阵为 $\boldsymbol{H} = \{h_{ij}\}_{n \times m}$，式中 h_{ij} 为归一化后的纯影响因素量。影响因素的具体归一化公式如下：

$$h_{ij} = \frac{x_{ij} - \min\{x_{i1}, x_{i2}, \cdots, x_{im}\}}{\max\{x_{i1}, x_{i2}, \cdots, x_{im}\} - \min\{x_{i1}, x_{i2}, \cdots, x_{im}\}} \quad i = 1, 2, \cdots, n; j = 1, 2, \cdots, m$$

$$\tag{2.3-24}$$

步骤 3：计算各影响因素值的比值。对矩阵 $\boldsymbol{H}$ 求通过归一化而占的比值，得到新的矩阵 $\boldsymbol{T} = \{t_{ij}\}_{n \times m}$。具体计算公式如下：

$$t_{ij} = \frac{h_{ij}}{\sum_{j=1}^{m} h_{ij}} \quad i = 1, 2, \cdots, n; j = 1, 2, \cdots, m \tag{2.3-25}$$

首先，通过计算影响因素的信息熵的量，得到各项评价影响因素的权重；其次，利用信息熵求得各影响因素信息熵值，得到各个影响因素的相对客观权重。

计算影响因素 B_i 的信息熵 e_i，如式(2.3-26)所示，则影响因素 B_i 的权重如式(2.3-27)所示：

$$e_i = -\frac{1}{\ln n} \sum_{j=1}^{m} t_{ij} \ln t_{ij} \quad i = 1, 2, \cdots, n \tag{2.3-26}$$

$$w_i = \frac{1 - e_i}{\sum_{i=1}^{m}(1 - e_i)} \quad i = 1, 2, \cdots, n \tag{2.3-27}$$

最后，得到 n 个影响因素的权重向量：$\boldsymbol{W} = (w_1, w_2, \cdots, w_n)$。

2.3.2　装配式建筑施工安全风险涌现模式

在上述装配式建筑施工安全风险评价因素基本赋权方式的基础上，分别应用概率论、数理统计、混沌理论等理论，实现装配式建筑施工安全风险涌现机制中的随机性涌现模式、统计性涌现模式、时序性涌现模式、概率性涌现模式和混沌涌现模式等。

（1）随机性涌现模式

随机性涌现模式是基于随机性原理，刻画在复杂系统中，下一级中的多个体、多因素的属性特征涌现出上一级个体或因素特征的一种涌现模式。在具体实践中，可以借助各种随机数发生器的生成方法，随机选择下一级中的多个体、多因素的属性赋权方法所得赋权值，来实现上一级个体或因素特征值的涌现。

（2）统计性涌现模式

统计性涌现模式是基于统计原理，通过各种统计量计算，刻画在复杂系统中，下一级中的多个体、多因素的属性特征涌现出上一级个体或因素特征的一种涌现模式。在具体实践中，可以借助下一级中的多个体、多因素的属性赋权方法所得赋权值的统计量，来实现上一级个体或因素特征值的涌现。

（3）时序性涌现模式

时序性涌现模式是基于季节性时序影响机制，利用季节性时序影响函数，刻画在复杂系统中，下一级中的多个体、多因素的属性特征涌现出上一级个体或因素特征的一种涌现模式。在具体实践中，可以借助由下一级中的多个体、多因素的属性赋权方法所得赋权值的统计量拟合出的季节性时序影响函数，来实现上一级个体或因素特征值的涌现。

（4）概率性涌现模式

概率性涌现模式是基于概率区间分布原理，刻画在复杂系统中，下一级中的多个体、多因素的属性特征涌现出上一级个体或因素特征的一种涌现模式。在具体实践中，可以借助下一级中的多个体、多因素的属性赋权方法所得赋权值的概率区间分布规律，来实现上一级个体或因素特征值的涌现。

（5）混沌涌现模式

混沌涌现模式是基于混沌运动机制，刻画在复杂系统中，下一级中的多个体、多因素的属性特征涌现出上一级个体或因素特征的一种涌现模式。在具体实践中，可以借助下一级中的多个体、多因素的属性赋权方法所得赋权值的混沌运动状态值，来实现上一级个体或因素特征值的涌现。

2.3.3　装配式建筑施工安全风险涌现计量

通过涌现计量，实现多个体、多因素涌现值的集成。涌现计量的基础条件包括两个方面：一个是最底层次的各个风险影响因素初始值的测度；另一个是各个风险影响因素权重涌现模式。对于后者，前面已经介绍。对于前者，在调研的基础上，进行定性模糊评判与定量数值测定；运用数值规范技术对定性模糊评判与定量数值测定后的数值进行指标无量纲化、一致性处理等规范化处理，实现最底层次的各个风险影响因素初始值的测度。在各个风险影响因素初始值测度的基础上，依据上述各种涌现模式，实现各种模式下的涌现计量。

（1）随机性涌现计量

① 单随机性涌现模式计量。

随机赋给 x_0 值，利用公式（2.3-28）至公式（2.3-29）生成各种赋权方式的随机数。其中，α 取 $4k+1$（ k 为非负整数）；M 取 2^{β}，β 为计算机字长；C 为奇数；x_0 取小于 M 的非负整数；n 为各种赋权方式的总数量。选出随机数最大值对应的赋权方式，作为涌现选用的方式。

$$x_{k+1} = (\alpha x_k + C) \bmod M \quad k = 1, 2, \cdots, n-1 \tag{2.3-28}$$

$$R_k = x_k / (M-1) \quad k = 1, 2, \cdots, n \tag{2.3-29}$$

设随机数最大值对应的赋权方式生成的因素 A 下面的 n 个影响因素 B_1，B_2，$\cdots$，B_n 的权重向量为 $\boldsymbol{W} = (w_1, w_2, \cdots, w_n)^T$，则应用单随机性涌现模式，因素 A 的安全水平的综合涌现值计量可以通过 $S = \boldsymbol{W}^T \boldsymbol{V} = (w_1, w_2, \cdots, w_n)(v_1, v_2, \cdots, v_n)^T$ 来实现。其中，$\boldsymbol{V} = (v_1, v_2, \cdots, v_n)^T$ 为影响因素 B_1，B_2，$\cdots$，B_n 的安全水平值。

② 多随机性涌现模式计量。

设选取的随机涌现模式数量为 h 个。同样利用单随机性涌现模式计量中随机数的生成技术，选出前 h 个最大随机数值对应的 h 个赋权方式，作为涌现选用的 h 个方式。

设随机数最大的前 h 个值对应的赋权方式生成的因素 A 下面的 n 个影响因素 B_1，B_2，$\cdots$，B_n 的权重向量为 $\boldsymbol{W}^{(j)} = (w_1^{(j)}, w_2^{(j)}, \cdots, w_n^{(j)})^T$，$j = 1, 2, \cdots, h$。计算出前 h 个值对应的赋权方式生成的权重向量的平均值 $\overline{\boldsymbol{W}} = (\overline{w}_1, \overline{w}_2, \cdots, \overline{w}_n)^T$，其中，$\overline{w}_i = \sum_{j=1}^{h} w_i^{(j)} / h$，$i = 1, 2, \cdots, n$。再对 $\overline{\boldsymbol{W}} = (\overline{w}_1, \overline{w}_2, \cdots, \overline{w}_n)^T$ 的各个分量进行归一化处理，得到 $\overline{\boldsymbol{W}}' = (\overline{w}_1', \overline{w}_2', \cdots, \overline{w}_n')^T$。其中，$\overline{w}_i' = \overline{w}_i / \sum_{j=1}^{n} \overline{w}_j$，$i = 1, 2, \cdots, n$。则应用多随机性涌现模式，因素 A 的安全水平的综合涌现值计量可以通过 $S = \overline{\boldsymbol{W}}'^T \boldsymbol{V} = (\overline{w}_1', \overline{w}_2', \cdots, \overline{w}_n')(v_1, v_2, \cdots, v_n)^T$ 来实现。其中，$\boldsymbol{V} = (v_1, v_2, \cdots, v_n)^T$ 为影响因素 B_1，B_2，$\cdots$，B_n 的安全水平值。

（2）统计性涌现计量

设由德尔菲法（DM）、逐对比较法、KLEE 法、最小平方法、层次分析法（AHP）、序关系分析法（G1-法）、拉开档次法（SDM）、熵权法（EM）等 m 种方式生成 m 个影响因素 B_1，B_2，$\cdots$，B_n 的权重向量为 $\boldsymbol{W}^{(j)} = (w_1^{(j)}, w_2^{(j)}, \cdots, w_n^{(j)})^T$，$j = 1, 2, \cdots, m$。

计算出 m 个赋权方式生成的权重向量的平均值、中位数或众数等统计量。具体计算如下：

计算出 m 个赋权方式生成的权重向量的平均值 $\overline{\boldsymbol{W}} = (\overline{w}_1, \overline{w}_2, \cdots, \overline{w}_n)^T$，其中，$\overline{w}_i = \sum_{j=1}^{m} w_i^{(j)} / m$，$i = 1, 2, \cdots, n$。再对 $\overline{\boldsymbol{W}} = (\overline{w}_1, \overline{w}_2, \cdots, \overline{w}_n)^T$ 的各个分量进行归一化处理，得到 $\overline{\boldsymbol{W}}' = (\overline{w}_1', \overline{w}_2', \cdots, \overline{w}_n')^T$。其中，$\overline{w}_i' = \overline{w}_i / \sum_{j=1}^{n} \overline{w}_j$，$i = 1, 2, \cdots, n$。

计算出 m 个赋权方式生成的权重向量的中位数 $\boldsymbol{W}^{(0)} = (w_1^{(0)}, w_2^{(0)}, \cdots, w_n^{(0)})^T$，其中，$w_i^{(0)}$ 为 $w_i^{(1)}$，$w_i^{(2)}$，$\cdots$，$w_i^{(m)}$ 的中位数，$i = 1, 2, \cdots, n$。再对 $\boldsymbol{W}^{(0)} = (w_1^{(0)}, w_2^{(0)}, \cdots, w_n^{(0)})^T$ 的各个分量进行归一化处理，得到 $\boldsymbol{W}^{(0)}' = (w_1^{(0)}', w_2^{(0)}', \cdots,$

$w_n^{(0)'})^{\mathrm{T}}$。其中，$w_i^{(0)'} = w_i^{(0)} \Big/ \sum_{j=1}^{n} w_j^{(0)}$，$i = 1, 2, \cdots, n$。

计算出 m 个赋权方式生成的权重向量的众数 $\boldsymbol{W}^* = (w_1^*, w_2^*, \cdots, w_n^*)^{\mathrm{T}}$，其中，$w_i^*$ 为 $w_i^{(1)}, w_i^{(2)}, \cdots, w_i^{(m)}$ 的众数，$i = 1, 2, \cdots, n$。再对 $\boldsymbol{W}^* = (w_1^*, w_2^*, \cdots, w_n^*)^{\mathrm{T}}$ 的各个分量进行归一化处理，得到 $\boldsymbol{W}^{*'} = (w_1^{*'}, w_2^{*'}, \cdots, w_n^{*'})^{\mathrm{T}}$。其中，$w_i^{*'} = w_i^* \Big/ \sum_{j=1}^{n} w_j^*$，$i = 1, 2, \cdots, n$。

则应用统计性涌现模式，因素 A 的安全水平的综合涌现值计量可以通过 $S = \boldsymbol{W}^{\mathrm{T}} \boldsymbol{V} = (w_1, w_2, \cdots, w_n)(v_1, v_2, \cdots, v_n)^{\mathrm{T}}$ 来实现。其中，$\boldsymbol{V} = (v_1, v_2, \cdots, v_n)^{\mathrm{T}}$ 为影响因素 $B_1, B_2, \cdots, B_n$ 的安全水平值。$\overline{\boldsymbol{W}'} = (\overline{w_1}', \overline{w_2}', \cdots, \overline{w_n}')^{\mathrm{T}}$ 可以取 m 个赋权方式生成的权重向量的平均值 $\overline{\boldsymbol{W}} = (\overline{w_1}, \overline{w_2}, \cdots, \overline{w_n})^{\mathrm{T}}$、中位数 $\boldsymbol{W}^{(0)} = (w_1^{(0)'}, w_2^{(0)'}, \cdots, w_n^{(0)'})^{\mathrm{T}}$ 或众数 $\boldsymbol{W}^{*'} = (w_1^{*'}, w_2^{*'}, \cdots, w_n^{*'})^{\mathrm{T}}$ 等统计量。

（3）时序性涌现计量

时序性涌现计量建立在统计性涌现计量的基础上，不失一般性，设由统计性涌现计量下生成的权重向量的平均值、中位数或众数等统计量为 $\boldsymbol{W} = (w_1, w_2, \cdots, w_n)^{\mathrm{T}}$。针对影响因素 $B_1, B_2, \cdots, B_n$ 对应的各个因素的季节性时序影响，分别拟合出季节性时序影响函数，得到时序影响函数向量 $\boldsymbol{Y}(t) = (\psi(t)_1, \psi(t)_2, \cdots, \psi(t)_n)^{\mathrm{T}}$，其中，$\psi(t)_i (i = 1, 2, \cdots, n)$ 为影响因素 B_i 的季节性时序影响函数，取值范围是 1 左右的数值，若 $\psi(t)_i = 1$，说明季节性时序变动对于原有的权重值没有影响；若 $\psi(t)_i > 1$，说明季节性时序变动需要提高原有的权重值；若 $\psi(t)_i < 1$，说明季节性时序变动需要降低原有的权重值；$\psi(t)_i$ 的具体数值的大小，反映出季节性时序变动对原有影响因素权重值的影响大小。

具体调整时，计算 $\boldsymbol{W}^{(t)} = \boldsymbol{Y}(t)^{\mathrm{T}} \boldsymbol{W} = (\psi(t)_1, \psi(t)_2, \cdots, \psi(t)_n)(w_1, w_2, \cdots, w_n)^{\mathrm{T}} = (w_1^{(t)}, w_2^{(t)}, \cdots, w_n^{(t)})^{\mathrm{T}}$。再对 $\boldsymbol{W}^{(t)} = (w_1^{(t)}, w_2^{(t)}, \cdots, w_n^{(t)})^{\mathrm{T}}$ 的各个分量进行归一化处理，得到 $\boldsymbol{W}^{(t)'} = (w_1^{(t)'}, w_2^{(t)'}, \cdots, w_n^{(t)'})^{\mathrm{T}}$。其中，$w_i^{(t)'} = w_i^{(t)} \Big/ \sum_{j=1}^{n} w_j^{(t)}$，$i = 1, 2, \cdots, n$。

由此，因素 A 的安全水平的综合涌现值计量可以通过 $S = \boldsymbol{W}^{(t)'\mathrm{T}} \boldsymbol{V} = (w_1^{(t)'}, w_2^{(t)'}, \cdots, w_n^{(t)'})(v_1, v_2, \cdots, v_n)^{\mathrm{T}}$ 来实现。其中，$\boldsymbol{V} = (v_1, v_2, \cdots, v_n)^{\mathrm{T}}$ 为影响因素 $B_1, B_2, \cdots, B_n$ 的安全水平值。

（4）概率性涌现计量

分别应用德尔菲法（DM）、逐对比较法、KLEE 法、最小平方法、层次分析法（AHP）、序关系分析法（G1-法）、拉开档次法（SDM）、熵权法（EM）等各种赋权生成方式生成影响属性 $B_1, B_2, \cdots, B_n$ 的权重向量。

将每个属性的权重数值划分为 u 个区间，统计出权重值落入到各个区间内的频率作为落入概率，得到概率向量 $\boldsymbol{P}_i = (p_i^{(1)}, p_i^{(2)}, \cdots, p_i^{(u)})^{\mathrm{T}}$，$i = 1, 2, \cdots, n$。计算出各个区

间的组中值，得到权重数值分组的组中值向量 $\boldsymbol{V}_i = (v_i^{(1)}, v_i^{(2)}, \cdots, v_i^{(u)})^{\mathrm{T}}$, $i = 1, 2, \cdots,$ n。计算权重的数学期望值 $w_i = \boldsymbol{P}_i^{\mathrm{T}} \boldsymbol{V}_i = (p_i^{(1)}, p_i^{(2)}, \cdots, p_i^{(u)}) (v_i^{(1)}, v_i^{(2)}, \cdots, v_i^{(u)})^{\mathrm{T}}$, $i = 1, 2, \cdots, n$。由 w_i 组成各个影响因素权重的数学期望值向量 $\boldsymbol{W} = (w_1, w_2, \cdots, w_n)^{\mathrm{T}}$，再对权重的数学期望值向量 $\boldsymbol{W} = (w_1, w_2, \cdots, w_n)^{\mathrm{T}}$ 进行归一化处理，得到 $\boldsymbol{W}' = (w_1', w_2', \cdots, w_n')^{\mathrm{T}}$。其中，$w_i' = w_i \Big/ \sum\limits_{j=1}^{n} w_j$, $i = 1, 2, \cdots, n$。

由此，因素 A 的安全水平的综合涌现值计量可以通过 $S = \boldsymbol{W}'^{\mathrm{T}} \boldsymbol{V} = (w_1', w_2', \cdots, w_n')$ $(v_1, v_2, \cdots, v_n)^{\mathrm{T}}$ 来实现。其中，$\boldsymbol{V} = (v_1, v_2, \cdots, v_n)^{\mathrm{T}}$ 为影响因素 $B_1, B_2, \cdots, B_n$ 的安全水平值。

(5) 混沌涌现计量

① 一次性混沌涌现计量。

首先，分别应用德尔菲法(DM)、逐对比较法、KLEE 法、最小平方法、层次分析法(AHP)、序关系分析法(G1-法)、拉开档次法(SDM)、熵权法(EM)等 m 种方式生成 m 个影响因素 $B_1, B_2, \cdots, B_n$ 的权重向量为 $\boldsymbol{W}^{(j)} = (w_1^{(j)}, w_2^{(j)}, \cdots, w_n^{(j)})^{\mathrm{T}}$, $j = 1, 2, \cdots, m$。应用上述统计性涌现计量方式，计算出 m 个赋权方式生成的权重向量的平均值 $\overline{\boldsymbol{W}} = (\overline{w}_1, \overline{w}_2, \cdots, \overline{w}_n)^{\mathrm{T}}$，再对 $\overline{\boldsymbol{W}} = (\overline{w}_1, \overline{w}_2, \cdots, \overline{w}_n)^{\mathrm{T}}$ 的各个分量进行归一化处理，得到 $\overline{\boldsymbol{W}}'$ $= (\overline{w}_1', \overline{w}_2', \cdots, \overline{w}_n')^{\mathrm{T}}$，作为各种赋权生成方式生成影响属性 $B_1, B_2, \cdots, B_n$ 的初始权重向量。不失一般性，将 $\overline{\boldsymbol{W}}' = (\overline{w}_1', \overline{w}_2', \cdots, \overline{w}_n')^{\mathrm{T}}$ 记为 $\boldsymbol{W} = (w_1, w_2, \cdots, w_n)^{\mathrm{T}}$。

其次，由确定性方程得到各个权重的随机性运动状态，与运动状态相对应的权重变量 $w_i^{(t)}$ 称为影响因素 B_i 权重的混沌变量。将初始权重向量的各个分量分别输入到如公式(2.3-30)所示的 Logistic 方程中，η 为控制参数，当 $\eta = 4.0$ 时，公式(2.3-30)进入混沌状态。

$$w_i^{(t+1)} = \eta w_i^{(t)} (1 - w_i^{(t)}) \qquad i = 1, 2, \cdots, n \qquad (2.3\text{-}30)$$

设定混沌运动的终止次数为 k，则得到混沌运动后的权重向量 $\boldsymbol{W}^{(k)} = (w_1^{(k)}, w_2^{(k)},$ $\cdots, w_n^{(k)})^{\mathrm{T}}$，对其进行归一化处理，得到 $\boldsymbol{W}^{(k)}{}' = (w_1^{(k)}{}', w_2^{(k)}{}', \cdots, w_n^{(k)}{}')^{\mathrm{T}}$。其中，$w_i^{(k)}{}'$ $= w_i^{(k)} \Big/ \sum\limits_{j=1}^{n} w_j^{(k)}$, $i = 1, 2, \cdots, n$。

由此，因素 A 的安全水平的综合涌现值计量可以通过 $S = \boldsymbol{W}^{(k)}{}'^{\mathrm{T}} \boldsymbol{V} = (w_1^{(k)}{}', w_2^{(k)}{}',$ $\cdots, w_n^{(k)}{}') (v_1, v_2, \cdots, v_n)^{\mathrm{T}}$ 来实现。其中，$\boldsymbol{V} = (v_1, v_2, \cdots, v_n)^{\mathrm{T}}$ 为影响因素 $B_1, B_2,$ $\cdots, B_n$ 的安全水平值。

② 累积性混沌涌现计量。

前面的处理过程同一次性混沌涌现计量过程，在设定混沌运动的终止次数 k 之后，计算混沌运动后的累计权重向量 $\boldsymbol{W}^* = (w_1^*, w_2^*, \cdots, w_n^*)^{\mathrm{T}}$，其中，$w_i^* = \sum\limits_{j=1}^{k} w_i^{(j)}$, $i = 1,$

$2, \cdots, n$。再对其进行归一化处理，得到 $\boldsymbol{W}^{*\prime} = (w_1^{*\prime}, w_2^{*\prime}, \cdots, w_n^{*\prime})^\mathrm{T}$。其中，$w_i^{*\prime} = w_i^* \Big/ \sum\limits_{j=1}^{n} w_j^*$，$i = 1, 2, \cdots, n$。由此，因素 A 的安全水平的综合涌现值计量可以通过 $S = \boldsymbol{W}^{*\prime\mathrm{T}}\boldsymbol{V} = (w_1^{*\prime}, w_2^{*\prime}, \cdots, w_n^{*\prime})(v_1, v_2, \cdots, v_n)^\mathrm{T}$ 来实现。其中，$\boldsymbol{V} = (v_1, v_2, \cdots, v_n)^\mathrm{T}$ 为影响因素 $B_1, B_2, \cdots, B_n$ 的安全水平值。

2.3.4 装配式建筑施工安全风险涌现条件

针对装配式建筑，研究施工安全风险隐患、施工安全风险征兆、施工安全风险状态（轻微事故、一般事故、严重事故）的阈值科学设定问题，在相关实例数据采集与分析的基础上，结合大量应用试验测试数据结果，并汲取行业领域专家的相关建议，最终得出有关装配式建筑施工安全风险涌现条件相关阈值，包括硬性安全阈值设定、柔性安全阈值设定，具体信息与数据如表 2.3-1 所示。

表 2.3-1　装配式建筑施工安全风险涌现条件相关阈值

递阶层级	风险描述	风险等级	硬性安全阈值		柔性安全阈值	
			符号	数值	符号	数值
一级因素	施工安全风险状态	严重事故	$\theta^{(11)}$	0.30	$[\underline{\theta^{(11)}}, \overline{\theta^{(11)}}]$	[0.27, 0.33]
		一般事故	$\theta^{(12)}$	0.45	$[\underline{\theta^{(12)}}, \overline{\theta^{(12)}}]$	[0.40, 0.50]
		轻微事故	$\theta^{(13)}$	0.60	$[\underline{\theta^{(13)}}, \overline{\theta^{(13)}}]$	[0.54, 0.66]
二级因素	施工安全风险特征	施工安全风险征兆	$\theta^{(2)}$	0.56	$[\underline{\theta^{(2)}}, \overline{\theta^{(2)}}]$	[0.50, 0.62]
三级因素	施工安全风险元组	施工安全风险元组隐患	$\theta^{(3)}$	0.53	$[\underline{\theta^{(3)}}, \overline{\theta^{(3)}}]$	[0.48, 0.58]
四级因素	施工安全风险元素	施工安全风险元素隐患	$\theta^{(4)}$	0.50	$[\underline{\theta^{(4)}}, \overline{\theta^{(4)}}]$	[0.45, 0.55]

2.3.5 装配式建筑施工安全风险涌现规则

（1）单一规则

装配式建筑施工安全风险涌现的单一规则如表 2.3-2 所示。

第 2 章　装配式建筑施工安全风险涌现机制揭示

表 2.3-2　装配式建筑施工安全风险涌现的单一规则

递阶层级	规则前提	规则结论
一级因素	IF 涌现计量方式数 = 1 AND S(施工安全风险状态) ≤ $\theta^{(11)}$	THEN 可能出现严重事故
	IF 涌现计量方式数 = 1 AND S(施工安全风险状态) ≤ $\theta^{(12)}$	THEN 可能出现一般事故
	IF 涌现计量方式数 = 1 AND S(施工安全风险状态) ≤ $\theta^{(13)}$	THEN 可能出现轻微事故
	IF 涌现计量方式数 = 1 AND S(施工安全风险状态) > $\theta^{(11)}$	THEN 可能不会出现严重事故
	IF 涌现计量方式数 = 1 AND S(施工安全风险状态) > $\theta^{(12)}$	THEN 可能不会出现一般事故
	IF 涌现计量方式数 = 1 AND S(施工安全风险状态) > $\theta^{(13)}$	THEN 可能不会出现轻微事故
二级因素	IF 涌现计量方式数 = 1 AND S(施工安全风险特征) ≤ $\theta^{(2)}$	THEN 可能出现施工安全风险征兆
	IF 涌现计量方式数 = 1 AND S(施工安全风险特征) > $\theta^{(2)}$	THEN 可能不会出现施工安全风险征兆
三级因素	IF 涌现计量方式数 = 1 AND S(施工安全风险元组) ≤ $\theta^{(3)}$	THEN 可能出现施工安全风险元组隐患
	IF 涌现计量方式数 = 1 AND S(施工安全风险元组) > $\theta^{(3)}$	THEN 可能不会出现施工安全风险元组隐患
四级因素	IF S(施工安全风险元素) ≤ $\theta^{(4)}$	THEN 可能出现施工安全风险元素隐患
	IF S(施工安全风险元素) > $\theta^{(4)}$	THEN 可能不会出现施工安全风险元素隐患

（2）组合规则

装配式建筑施工安全风险涌现的组合规则如表 2.3-3 所示。

表 2.3-3 装配式建筑施工安全风险涌现的组合规则

递阶层级	规则前提	规则结论
一级因素	IF 涌现计量方式数≥2 AND 至少 2 个 S(施工安全风险状态)≤ $\overline{\theta^{(11)}}$	THEN 可能出现严重事故
	IF 涌现计量方式数≥4 AND 至少 3 个 S(施工安全风险状态)> $\overline{\theta^{(11)}}$ AND 1 个 S(施工安全风险状态)≤ $\theta^{(11)}$	THEN 可能不会出现严重事故
	IF 涌现计量方式数≥2 AND 至少 2 个 S(施工安全风险状态)≤ $\overline{\theta^{(12)}}$	THEN 可能出现一般事故
	IF 涌现计量方式数≥4 AND 至少 3 个 S(施工安全风险状态)> $\overline{\theta^{(12)}}$ AND 1 个 S(施工安全风险状态)≤ $\theta^{(12)}$	THEN 可能不会出现一般事故
	IF 涌现计量方式数≥2 AND 至少 2 个 S(施工安全风险状态)≤ $\overline{\theta^{(13)}}$	THEN 可能出现轻微事故
	IF 涌现计量方式数≥2 AND 至少 3 个 S(施工安全风险状态)> $\overline{\theta^{(13)}}$ AND 1 个 S(施工安全风险状态)≤ $\theta^{(13)}$	THEN 可能不会出现轻微事故
二级因素	IF 涌现计量方式数≥2 AND 至少 2 个 S(施工安全风险特征)≤ $\overline{\theta^{(2)}}$	THEN 可能出现施工安全风险征兆
	IF 涌现计量方式数≥4 AND 至少 3 个 S(施工安全风险特征)> $\overline{\theta^{(2)}}$ AND 1 个 S(施工安全风险特征)≤ $\theta^{(2)}$	THEN 可能不会出现施工安全风险征兆
三级因素	IF 涌现计量方式数≥2 AND 至少 2 个 S(施工安全风险元组)≤ $\overline{\theta^{(3)}}$	THEN 可能出现施工安全风险元组隐患
	IF 涌现计量方式数≥4 AND 至少 3 个 S(施工安全风险元组)> $\overline{\theta^{(3)}}$ AND 1 个 S(施工安全风险元组)≤ $\theta^{(3)}$	THEN 可能不会出现施工安全风险元组隐患

2.3.6 装配式建筑施工安全风险的逐级涌现机制描述

(1)涌现拓扑结构

装配式建筑施工安全风险的逐级涌现机制的拓扑结构如图 2.3-1 所示。

(2)风险逐级涌现

装配式建筑施工安全风险的涌现机制的最为鲜明的特点体现在"风险逐级涌现"。面向各种给定装配式建筑施工作业,施工安全风险的涌现是以"施工安全风险元素—施工安全风险元组—施工安全风险特征—施工安全风险状态"为主线,呈现出逐级涌现的特点。在装配式建筑施工安全风险逐级涌现过程中,递阶层级结构每一层级关键因素,

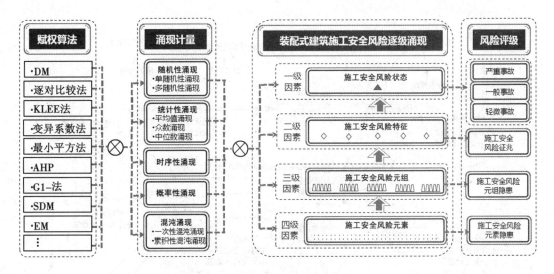

图 2.3-1　装配式建筑施工安全风险的逐级涌现机制拓扑结构

通过其属性值间相互作用,形成上一层级因素涌现值。

每一层次体现出对装配式建筑施工安全风险的不同层级的预警。当第四级因素的安全水平值超过阈值,会形成施工安全风险元素隐患;当第三级因素的安全水平值超过阈值,会形成施工安全风险元组隐患;当第二级因素的安全水平值超过阈值,会形成施工安全风险征兆;当第一级因素的安全水平值超过不同等级阈值,可能会形成装配式建筑施工的轻微事故、一般事故和严重事故。

在每一层级涌现机制的实现方面,主要利用随机性涌现计量、统计性涌现计量、时序性涌现计量、概率性涌现计量、混沌涌现计量等涌现模式的计量方法,对各种因素赋权算法,如德尔菲法(DM)、逐对比较法、KLEE 法、变异系数法、最小平方法、层次分析法(AHP)、序关系分析法(G1-法)、拉开档次法(SDM)、熵权法(EM)等,进行各种涌现计量来加以实现。

2.4　装配式建筑施工安全风险涌现机制的动力学模型构建

(1)系统动力学流图的建立

用 VENSIM-PLE 软件绘制从业人员子系统的安全水平的系统动力学流图如图2.4-1所示。

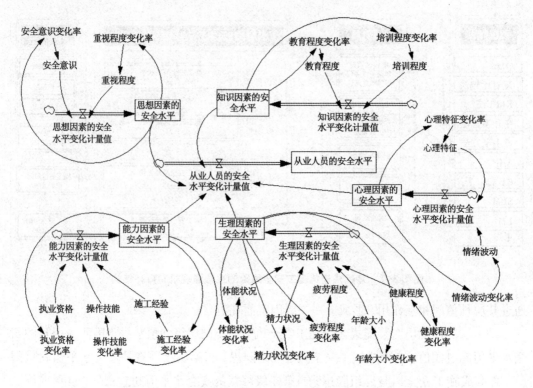

图 2.4-1 从业人员子系统的安全水平的系统动力学流图

施工对象子系统的安全水平的系统动力学流图如图 2.4-2 所示。

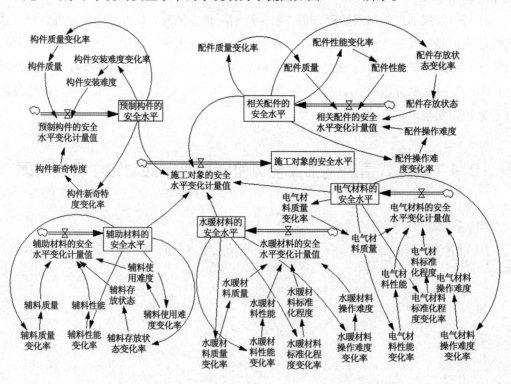

图 2.4-2 施工对象子系统的安全水平的系统动力学流图

施工方法子系统的安全水平的系统动力学流图如图 2.4-3 所示。

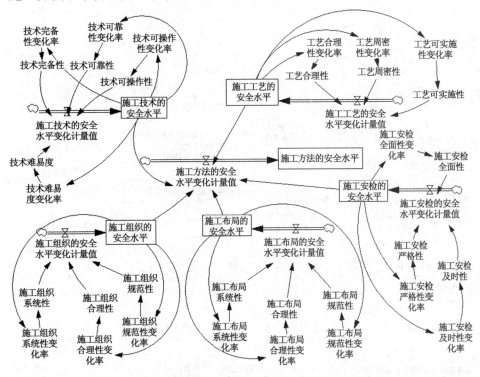

图 2.4-3　施工方法子系统的安全水平的系统动力学流图

施工手段子系统的安全水平的系统动力学流图如图 2.4-4 所示。

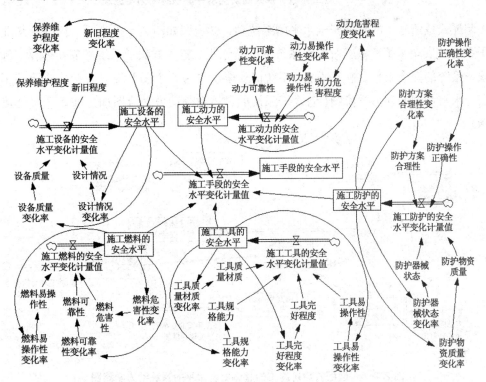

图 2.4-4　施工手段子系统的安全水平的系统动力学流图

施工环境子系统的安全水平的系统动力学流图如图2.4-5所示。

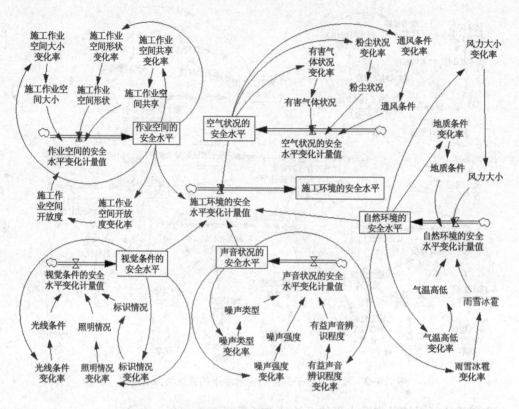

图 2.4-5　施工环境子系统的安全水平的系统动力学流图

装配式建筑施工的整体安全水平的系统动力学流图如图 2.4-6 所示,仅画出从业人员子系统的安全水平、施工对象子系统的安全水平、施工方法子系统的安全水平、施工手段子系统的安全水平、施工环境子系统的安全水平这 5 个子系统对装配式建筑施工整体安全水平涌现的动力学流图,各个子系统的具体系统动力学流图如上面 5 个具体流图所示。

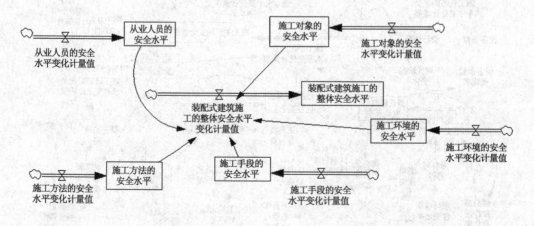

图 2.4-6　装配式建筑施工的整体安全水平的系统动力学流图

（2）多形态不确定性的动力学模型的具体构建

具体分为装配式建筑施工安全风险涌现的随机动力学模型、统计动力学模型、时序动力学模型、概率动力学模型、混沌动力学模型的构建实现方案。多形态不确定性的动力学模型具体构建的通用步骤为：

步骤 1：对最底层影响因素安全水平评分测度，将评分值作为最底层影响因素的安全水平的初始值，相应地输入到 VENSIM-PLE 软件系统辅助变量中。

步骤 2：将 | 单随机性涌现模式计量或多随机性涌现模式计量方式 | / | 计算平均值、中位数或众数等统计性涌现计量方式 | / | 基于季节性时序影响函数的涌现计量方式 | / | 概率性涌现计量方式 | / | 混沌涌现计量方式 |，引入 VENSIM-PLE 软件系统中各个流速变量、水平变量的公式编辑中。

步骤 3：调试、运行 VENSIM-PLE 软件系统。

步骤 4：利用 | 随机性原理 | / | 统计性原理，采用平均值、中位数或众数等统计量计算方式 | / | 季节性时序影响函数，对平均值、中位数或众数等统计量计算结果进行修正 | / | 概率性统计原理 | / | 混沌涌现原理 |，调整最底层影响因素的安全水平变动率，运行 VENSIM-PLE 软件系统，对装配式建筑施工安全风险水平进行分析。

2.5　装配式建筑施工安全风险涌现过程的内在规律挖掘

（1）风险因素视角规律

① 最底层影响因素的安全水平的高低，通过逐级涌现机制，决定了装配式建筑施工安全风险元组隐患、施工安全风险征兆的水平，最终决定着装配式建筑施工安全风险的总体水平。

② 随着最底层影响因素的安全水平的提升，装配式建筑施工安全风险的总体水平也会提升；随着最底层影响因素的安全水平的下降，装配式建筑施工安全风险的总体水平也会降低。

③ 最底层影响因素的安全水平的变化率，决定了装配式建筑施工安全风险的总体水平的变化趋势与变化速度。

④ 最底层影响因素权重不同，其对装配式建筑施工安全风险元组隐患水平、施工安全风险征兆的水平、施工安全风险的总体水平影响和灵敏度各不相同。

（2）风险级别视角规律

① 装配式建筑施工安全风险涌现表现具有鲜明级别性，第四级的施工安全风险元素表现出来的是施工安全风险元素隐患，第三级施工安全风险元组表现出来的是施工安全风险元组隐患，第二级施工安全风险特征表现出来的是施工安全风险征兆，第一级施工安全风险状态表现出来的是轻微事故、一般事故或严重事故。

② 装配式建筑施工安全风险涌现是由第四级到第一级逐级传递的。

③ 装配式建筑施工安全风险涌现与传递具有典型的单向性。换言之，若较高一级影响因素有施工安全风险表现，则较低一级的影响因素一定有施工安全风险表现；反之，若较低一级影响因素有施工安全风险表现，较高一级的影响因素不一定有施工安全风险表现。

（3）阈值参数视角规律

① 装配式建筑施工安全风险的各级影响因素涌现出来的安全风险表现的重要衡量标准，是该级影响因素安全风险阈值参数。如果计量出的施工安全水平数值低于该阈值参数，则出现该级别的安全风险；反之，不出现该级别的安全风险。

② 装配式建筑施工安全风险对应的各级安全风险阈值参数的大小应有所区别。级别越低的安全风险（这里用施工安全水平）阈值参数越大。换言之，施工安全风险隐患、施工安全风险征兆、施工安全风险状态（轻微事故、一般事故、严重事故）的阈值逐渐降低。

③ 阈值参数值的大小体现了对装配式建筑施工安全风险控制的严格程度。阈值参数值设置得越大，对施工安全风险的控制严格程度越严格；反之，阈值参数值设置得越小，对施工安全风险的控制严格程度越宽松。

（4）涌现模式视角规律

① 在不同装配式建筑施工安全风险涌现模式下，装配式建筑施工安全风险涌现结果会出现一些差异，显示出不同的特点。

② 在随机涌现计量模式下，装配式建筑施工安全风险涌现结果呈现出典型的随机性特征。对于装配式建筑施工安全风险水平的评价来说，具有一定的波动性。

③ 在统计涌现计量模式下，装配式建筑施工安全风险涌现结果呈现出较强的统计性特征。对于装配式建筑施工安全风险水平的评价来说，具有相对的稳定性。

④ 在时序涌现计量模式下，装配式建筑施工安全风险涌现结果呈现出较强的季节时序性特征。对于装配式建筑施工安全风险水平的评价来说，充分考虑了不同时间对评价结果的影响。

⑤ 在概率涌现计量模式下，装配式建筑施工安全风险涌现结果呈现出较强的概率性规律。对于装配式建筑施工安全风险水平的评价来说，充分考虑了概率分布规律对评价结果的影响。

⑥ 在混沌涌现计量模式下，装配式建筑施工安全风险涌现结果呈现出鲜明的混沌特性。对于装配式建筑施工安全风险水平的评价来说，具有很强的波动性。

第3章 装配式建筑施工安全风险 诊控规则生成

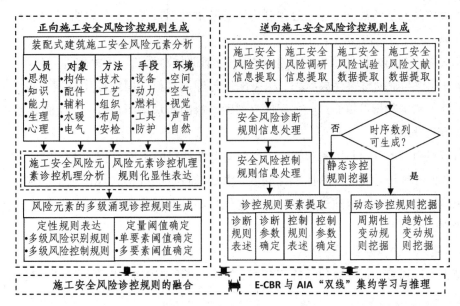

3.1 正向装配式建筑施工安全风险诊控规则生成

在装配式建筑施工安全风险诊控规则生成过程中，分别依据规范与实证研究思路，研究装配式建筑施工安全风险的正向诊控与逆向诊控机制与规则生成，双向诊控规则生成实现方案框架如图3.1-1所示。正向装配式建筑施工安全风险诊控规则生成是其中的重要内容之一。

图 3.1-1 双向装配式建筑施工安全风险诊控规则生成的实现方案框架

3.1.1 装配式建筑施工安全风险元素分析

通过多级涌现机制，装配式建筑施工安全风险元素的状态值将最终决定着装配式建筑施工安全风险的总体水平。

（1）从业人员风险特征方面

从业人员风险特征的影响因素主要包括思想因素、知识因素、能力因素、生理因素、心理因素等风险元组。

思想因素包括安全意识、重视程度等风险元素。该类风险元素的数据可以通过从业人员对安全生产的言行表现、测试问卷等方式获取。

知识因素包括教育程度与培训程度等风险元素。该类风险元素的数据可以通过从业人员的受教育证书、培训记录等方式获取。

能力因素包括执业资格、操作技能、施工经验等风险元素。该类风险元素的数据可以通过相关证书、实际操作技能表现、工作年限等方式获取。

生理因素包括体能状况、精力状况、疲劳程度、年龄大小、健康程度等风险元素。该类风险元素的数据可以通过体检、测试、档案记录、观察等方式获取。

心理因素包括心理特征、情绪波动等风险元素。该类风险元素的数据可以通过心理测试、情绪观察等方式获取。

（2）施工对象风险特征方面

施工对象风险特征的影响因素主要包括预制构件、相关配件、辅助材料、水暖材料、电气材料等风险元组。

预制构件因素包括预制构件质量、预制构件安装难度、预制构件新奇特度等风险元素。该类风险元素的数据可以通过预制构件的质量检测报告、安全说明书、特征说明等方式获取。

相关配件与辅助材料因素包括相关配件与辅助材料质量、相关配件与辅助材料性能、相关配件与辅助材料存放状态、相关配件与辅助材料使用或操作难度等风险元素。该类风险元素的数据可以通过相关配件与辅助材料的质量检测报告、性能测试报告、说明书等方式获取。

水暖材料与电气材料因素包括水暖材料与电气材料的质量、水暖材料与电气材料的性能、水暖材料与电气材料的标准化程度、水暖材料与电气材料操作难度等风险元素。该类风险元素的数据可以通过水暖材料与电气材料的质量检测报告、性能测试报告、说明书等方式获取。

（3）施工方法风险特征方面

施工方法风险特征主要包括施工技术、施工工艺、施工组织、施工布局和施工安检等风险元组。

施工技术因素包括施工技术完备性、施工技术可靠性、施工技术可操作性、施工技术难易度等风险元素。该类风险元素的数据可以通过技术方案、技术评估等方式获取。

施工工艺因素包括施工工艺合理性、施工工艺周密性、施工工艺可实施性等风险元素。该类风险元素的数据可以通过施工工艺方案、工艺评估等方式获取。

施工组织与施工布局因素包括施工组织与施工布局系统性、施工组织与施工布局合理性、施工组织与施工布局规范性等风险元素。该类风险元素的数据可以通过施工组织与施工布局方案、施工组织与施工布局评估等方式获取。

施工安检因素包括施工安检全面性、施工安检严格性、施工安检及时性等风险元素。该类风险元素的数据可以通过施工安检方案、施工安检制度与记录等方式获取。

（4）施工手段风险特征方面

施工手段风险特征主要包括施工设备、施工动力、施工燃料、施工工具、施工防护等风险元组。

施工设备因素包括机械设备保养维护程度、机械设备新旧程度、机械设备设计情况和机械设备质量等风险元素。该类风险元素的数据可以通过机械设备保养维护记录、机械设备档案、机械设备说明书等方式获取。

施工动力、施工燃料因素包括动力燃料设施可靠性、动力燃料使用易操作性、动力燃料危害程度或危害性等风险元素。该类风险元素的数据可以通过动力燃料使用说明书、动力燃料设置方案等方式获取。

施工工具因素包括施工工具质量材质、施工工具规格能力、施工工具完好程度、施工工具易操作性等风险元素。该类风险元素的数据可以通过施工工具质量证书、施工工具使用说明书、动力燃料设置方案等方式获取。

施工防护因素包括施工防护方案合理性、施工防护器械状态、施工防护物资质量、施工防护操作正确性等风险元素。该类风险元素的数据可以通过施工防护方案、施工防护器械说明书、施工防护质量说明书等方式获取。

（5）施工环境风险特征方面

施工环境风险特征主要包括作业空间、空气状况、视觉条件、声音状况、自然环境等风险元组。

作业空间因素包括施工作业空间大小、施工作业空间形状、施工作业空间共享、施工作业空间开放度等风险元素。该类风险元素的数据可以通过作业空间分配方案、作业空间现场评估等方式获取。

空气状况因素包括有害气体状况、粉尘状况、通风条件等风险元素。该类风险元素的数据可以通过有害气体、粉尘状况的测度，通风条件现场评估等方式获取。

视觉条件因素包括光线条件、照明情况、标识情况等风险元素。该类风险元素的数据可以通过现场光线与照明测度、现场评估等方式获取。

声音状况因素包括噪声类型、噪声强度、有益声音辨识程度等风险元素。该类风险元素数据可以通过现场声音测度、现场噪声影响评估等方式获取。

自然环境因素包括气温高低、风力大小、雨雪冰雹、地质条件等风险元素。该类风险元素的数据可以通过天气预报、地址勘探等方式获取。

3.1.2 施工安全风险元素诊控机理分析

装配式建筑施工安全风险元素位于施工安全风险系统中的第四级（最底层），是决定施工安全风险元素诊控的最直接、最根本的操作要素。装配式建筑施工安全风险元素诊控主要包括装配式建筑施工安全风险元素隐患识别与装配式建筑施工安全风险元素隐患控制两个环节。

（1）装配式建筑施工安全风险元素隐患识别

在上述各个装配式建筑施工安全风险元素数据采集的基础上，参照各个装配式建筑施工安全风险元素的数据标准，对该项风险元素的安全水平进行评分。具体操作时，将各个装配式建筑施工安全风险元素的数据划分为定性数据与定量数据两类。定性数据的评分是评分人员参照装配式建筑施工安全风险元素的数据标准，结合自己的经验，对该项风险元素的安全水平进行评分；定量数据的评分是将该项装配式建筑施工安全风险元素的实际数据与数据标准进行对比，得到该项风险元素的安全水平的评分。

将各个装配式建筑施工安全风险元素的安全水平与预先设定好的阈值进行对比，若其安全水平低于事先设置好的阈值水平，则表明该项装配式建筑施工安全风险元素上存在隐患。

（2）装配式建筑施工安全风险元素隐患控制

针对识别出的装配式建筑施工安全风险元素隐患，分析隐患存在的原因，及时采取控制措施加以消除。具体措施包括加强管理措施、提升技术工艺、调动资源要素、增加资金支持等。

3.1.3 风险元素诊控机理规则化显性表达

（1）装配式建筑施工安全风险元素隐患识别

装配式建筑施工安全风险元素隐患识别规则化显性表达相对简单，如表3.1-1所示。$\theta^{(4)}$为施工安全风险元素隐患涌现的阈值。

表3.1-1 装配式建筑施工安全风险元素隐患识别规则化显性表达

规则前提	规则结论
IF S(安全意识) $\leqslant \theta^{(4)}$	THEN 可能出现<安全意识>隐患
IF S(重视程度) $\leqslant \theta^{(4)}$	THEN 可能出现<重视程度>隐患
IF S(教育程度) $\leqslant \theta^{(4)}$	THEN 可能出现<教育程度>隐患
IF S(培训程度) $\leqslant \theta^{(4)}$	THEN 可能出现<培训程度>隐患
IF S(执业资格) $\leqslant \theta^{(4)}$	THEN 可能出现<执业资格>隐患
IF S(操作技能) $\leqslant \theta^{(4)}$	THEN 可能出现<操作技能>隐患
IF S(施工经验) $\leqslant \theta^{(4)}$	THEN 可能出现<施工经验>隐患
IF S(体能状况) $\leqslant \theta^{(4)}$	THEN 可能出现<体能状况>隐患

表3.1-1(续)

规则前提	规则结论
IF S(精力状况)$\leq \theta^{(4)}$	THEN 可能出现<精力状况>隐患
IF S(疲劳程度)$\leq \theta^{(4)}$	THEN 可能出现<疲劳程度>隐患
IF S(年龄大小)$\leq \theta^{(4)}$	THEN 可能出现<年龄大小>隐患
IF S(健康程度)$\leq \theta^{(4)}$	THEN 可能出现<健康程度>隐患
IF S(心理特征)$\leq \theta^{(4)}$	THEN 可能出现<心理特征>隐患
IF S(情绪波动)$\leq \theta^{(4)}$	THEN 可能出现<情绪波动>隐患
IF S(构件质量)$\leq \theta^{(4)}$	THEN 可能出现<构件质量>隐患
IF S(构件安装难度)$\leq \theta^{(4)}$	THEN 可能出现<构件安装难度>隐患
IF S(构件新奇特度)$\leq \theta^{(4)}$	THEN 可能出现<构件新奇特度>隐患
⋮	⋮
IF S(气温高低)$\leq \theta^{(4)}$	THEN 可能出现<气温高低>隐患
IF S(风力大小)$\leq \theta^{(4)}$	THEN 可能出现<风力大小>隐患
IF S(雨雪冰雹)$\leq \theta^{(4)}$	THEN 可能出现<雨雪冰雹>隐患
IF S(地质条件)$\leq \theta^{(4)}$	THEN 可能出现<地质条件>隐患

(2)装配式建筑施工安全风险元素隐患控制

装配式建筑施工安全风险元素隐患控制规则化显性表达相对简单,如表 3.1-2 所示。

表 3.1-2　装配式建筑施工安全风险元素隐患控制规则化显性表达

规则前提	规则结论
IF 可能出现<安全意识>隐患	THEN 提高<安全意识>安全水平
IF 可能出现<重视程度>隐患	THEN 提高<重视程度>安全水平
IF 可能出现<教育程度>隐患	THEN 提高<教育程度>安全水平
IF 可能出现<培训程度>隐患	THEN 提高<培训程度>安全水平
IF 可能出现<执业资格>隐患	THEN 提高<执业资格>安全水平
IF 可能出现<操作技能>隐患	THEN 提高<操作技能>安全水平
IF 可能出现<施工经验>隐患	THEN 提高<施工经验>安全水平
IF 可能出现<体能状况>隐患	THEN 提高<体能状况>安全水平
IF 可能出现<精力状况>隐患	THEN 提高<精力状况>安全水平
IF 可能出现<疲劳程度>隐患	THEN 提高<疲劳程度>安全水平
IF 可能出现<年龄大小>隐患	THEN 提高<年龄大小>安全水平
IF 可能出现<健康程度>隐患	THEN 提高<健康程度>安全水平
IF 可能出现<心理特征>隐患	THEN 提高<心理特征>安全水平
IF 可能出现<情绪波动>隐患	THEN 提高<情绪波动>安全水平

表3.1-2(续)

规则前提	规则结论
⋮	⋮
IF 可能出现<地质条件>隐患	THEN 提高<地质条件>安全水平

3.1.4　风险元素的多级涌现诊控规则生成

（1）装配式建筑施工安全风险元组诊控规则

装配式建筑施工安全风险元组隐患识别规则化显性表达如表3.1-3所示。

表3.1-3　装配式建筑施工安全风险元组隐患识别规则化显性表达

规则前提	规则结论
IF $T(S(安全意识) \leq \theta^{(4)}) + T(S(重视程度) \leq \theta^{(4)}) \geq 1$	THEN 可能出现<思想因素>隐患
IF $w1 * S(安全意识) + w2 * S(重视程度) \leq \theta^{(3)}$	THEN 可能出现<思想因素>隐患
IF $T(S(教育程度) \leq \theta^{(4)}) + T(S(培训程度) \leq \theta^{(4)}) \geq 1$	THEN 可能出现<知识因素>隐患
IF $w1 * S(教育程度) + w2 * S(培训程度) \leq \theta^{(3)}$	THEN 可能出现<知识因素>隐患
IF $T(S(执业资格) \leq \theta^{(4)}) + T(S(操作技能) \leq \theta^{(4)}) + T(S(施工经验) \leq \theta^{(4)}) \geq 2$	THEN 可能出现<能力因素>隐患
IF $w1 * S(执业资格) + w2 * S(操作技能) + w3 * S(施工经验) \leq \theta^{(3)}$	THEN 可能出现<能力因素>隐患
IF $T(S(体能状况) \leq \theta^{(4)}) + T(S(精力状况) \leq \theta^{(4)}) + T(S(疲劳程度) \leq \theta^{(4)}) + T(S(年龄大小) \leq \theta^{(4)}) + T(S(健康程度) \leq \theta^{(4)}) \geq 3$	THEN 可能出现<生理因素>隐患
IF $w1 * S(体能状况) + w2 * S(精力状况) + w3 * S(疲劳程度) + w4 * S(年龄大小) + w5 * S(健康程度) \leq \theta^{(3)}$	THEN 可能出现<生理因素>隐患
IF $T(S(心理特征) \leq \theta^{(4)}) + T(S(情绪波动) \leq \theta^{(4)}) \geq 1$	THEN 可能出现<心理因素>隐患
IF $w1 * S(心理特征) + w2 * S(情绪波动) \leq \theta^{(3)}$	THEN 可能出现<心理因素>隐患
IF $T(S(构件质量) \leq \theta^{(4)}) + T(S(构件安装难度) \leq \theta^{(4)}) + T(S(构件新奇特度) \leq \theta^{(4)}) \geq 2$	THEN 可能出现<预制构件>隐患
IF $w1 * S(构件质量) + w2 * S(构件安装难度) + w3 * S(构件新奇特度) \leq \theta^{(3)}$	THEN 可能出现<预制构件>隐患

表3.1-3(续)

规则前提	规则结论
⋮	⋮
IF $T(S($气温高低$)\leq\theta^{(4)})+T(S($风力大小$)\leq\theta^{(4)})+T(S($雨雪冰雹$)\leq\theta^{(4)})+T(S($地质条件$)\leq\theta^{(4)})\geq2$	THEN 可能出现<自然环境>隐患
IF $w1*S($气温高低$)+w2*S($风力大小$)+w3*S($雨雪冰雹$)+w4*S($地质条件$)\leq\theta^{(3)}$	THEN 可能出现<自然环境>隐患

　　装配式建筑施工安全风险元组隐患控制规则化显性表达如表 3.1-4 所示。

表 3.1-4　装配式建筑施工安全风险元组隐患控制规则化显性表达

规则前提	规则结论
IF 可能出现<思想因素>隐患 AND $w1*(1-S($安全意识$))>w2*(1-S($重视程度$))$	THEN 依次提高<安全意识><重视程度>安全水平
IF 可能出现<知识因素>隐患 AND $w1*(1-S($教育程度$))>w2*(1-S($培训程度$))$	THEN 依次提高<教育程度><培训程度>安全水平
IF 可能出现<能力因素>隐患 AND $w1*(1-S($执业资格$))>w2*(1-S($操作技能$))>w3*(1-S($施工经验$))$	THEN 依次提高<执业资格><操作技能><施工经验>安全水平
IF 可能出现<生理因素>隐患 AND $w1*(1-S($体能状况$))>w2*(1-S($精力状况$))>w3*(1-S($疲劳程度$))>w4*(1-S($年龄大小$))>w5*(1-S($健康程度$))$	THEN 依次提高<体能状况><精力状况><疲劳程度><年龄大小><健康程度>安全水平
IF 可能出现<心理因素>隐患 AND $w1*(1-S($心理特征$))>w2*(1-S($情绪波动$))$	THEN 依次提高<心理特征><情绪波动>安全水平
IF 可能出现<预制构件>隐患 AND $w1*(1-S($构件质量$))>w2*(1-S($构件安装难度$))>w3*(1-S($构件新奇特度$))$	THEN 依次提高<构件质量><构件安装难度><构件新奇特度>安全水平
⋮	⋮
IF 可能出现<自然环境>隐患 AND $w1*(1-S($气温高低$))>w2*(1-S($风力大小$))>w3*(1-S($雨雪冰雹$))>w4*(1-S($地质条件$))$	THEN 依次提高<气温高低><风力大小><雨雪冰雹><地质条件>安全水平

　　（2）装配式建筑施工安全风险征兆诊控规则
　　装配式建筑施工安全风险征兆识别规则化显性表达如表 3.1-5 所示。

表 3.1-5　装配式建筑施工安全风险征兆识别规则化显性表达

规则前提	规则结论
IF T(S(思想因素)≤$\theta^{(3)}$)+T(S(知识因素)≤$\theta^{(3)}$)+T(S(能力因素)≤$\theta^{(3)}$)+T(S(生理因素)≤$\theta^{(3)}$)+T(S(心理因素)≤$\theta^{(3)}$)≥3	THEN 可能出现<从业人员>风险征兆
IF w1*S(思想因素)+w2*S(知识因素)+w3*S(能力因素)+w4*S(生理因素)+w5*S(心理因素)≤$\theta^{(2)}$	THEN 可能出现<从业人员>风险征兆
IF T(S(预制构件)≤$\theta^{(3)}$)+T(S(相关配件)≤$\theta^{(3)}$)+T(S(辅助材料)≤$\theta^{(3)}$)+T(S(水暖材料)≤$\theta^{(3)}$)+T(S(电气材料)≤$\theta^{(3)}$)≥3	THEN 可能出现<施工对象>风险征兆
IF w1*S(预制构件)+w2*S(相关配件)+w3*S(辅助材料)+w4*S(水暖材料)+w5*S(电气材料)≤$\theta^{(2)}$	THEN 可能出现<施工对象>风险征兆
IF T(S(施工技术)≤$\theta^{(3)}$)+T(S(施工工艺)≤$\theta^{(3)}$)+T(S(施工组织)≤$\theta^{(3)}$)+T(S(施工布局)≤$\theta^{(3)}$)+T(S(施工安检)≤$\theta^{(3)}$)≥3	THEN 可能出现<施工方法>风险征兆
IF w1*S(施工技术)+w2*S(施工工艺)+w3*S(施工组织)+w4*S(施工布局)+w5*S(施工安检)≤$\theta^{(2)}$	THEN 可能出现<施工方法>风险征兆
IF T(S(施工设备)≤$\theta^{(3)}$)+T(S(施工动力)≤$\theta^{(3)}$)+T(S(施工燃料)≤$\theta^{(3)}$)+T(S(施工工具)≤$\theta^{(3)}$)+T(S(施工防护)≤$\theta^{(3)}$)≥3	THEN 可能出现<施工手段>风险征兆
IF w1*S(施工设备)+w2*S(施工动力)+w3*S(施工燃料)+w4*S(施工工具)+w5*S(施工防护)≤$\theta^{(2)}$	THEN 可能出现<施工手段>风险征兆
IF T(S(作业空间)≤$\theta^{(3)}$)+T(S(空气状况)≤$\theta^{(3)}$)+T(S(视觉条件)≤$\theta^{(3)}$)+T(S(声音状况)≤$\theta^{(3)}$)+T(S(自然环境)≤$\theta^{(3)}$)≥3	THEN 可能出现<施工环境>风险征兆
IF w1*S(作业空间)+w2*S(空气状况)+w3*S(视觉条件)+w4*S(声音状况)+w5*S(自然环境)≤$\theta^{(2)}$	THEN 可能出现<施工环境>风险征兆

装配式建筑施工安全风险征兆控制规则化显性表达如表 3.1-6 所示。

表 3.1-6　装配式建筑施工安全风险征兆控制规则化显性表达

规则前提	规则结论
IF 可能出现<从业人员>风险征兆 AND w1*(1-S(思想因素))>w2*(1-S(知识因素))>w3*(1-S(能力因素))>w4*(1-S(生理因素))>w5*(1-S(心理因素))	THEN 依次提高<思想因素><知识因素><能力因素><生理因素><心理因素>安全水平

表3.1-6(续)

规则前提	规则结论
IF 可能出现<施工对象>风险征兆 AND $w1*(1-S(预制构件))>w2*(1-S(相关配件))>w3*(1-S(辅助材料))>w4*(1-S(水暖材料))>w5*(1-S(电气材料))$	THEN 依次提高<预制构件><相关配件><辅助材料><水暖材料><电气材料>安全水平
IF 可能出现<施工方法>风险征兆 AND $w1*(1-S(施工技术))>w2*(1-S(施工工艺))>w3*(1-S(施工组织))>w4*(1-S(施工布局))>w5*(1-S(施工安检))$	THEN 依次提高<施工技术><施工工艺><施工组织><施工布局><施工安检>安全水平
IF 可能出现<施工手段>风险征兆 AND $w1*(1-S(施工设备))>w2*(1-S(施工动力))>w3*(1-S(施工燃料))>w4*(1-S(施工工具))>w5*(1-S(施工防护))$	THEN 依次提高<施工设备><施工动力><施工燃料><施工工具><施工防护>安全水平
IF 可能出现<施工环境>风险征兆 AND $w1*(1-S(作业空间))>w2*(1-S(空气状况))>w3*(1-S(视觉条件))>w4*(1-S(声音状况))>w5*(1-S(自然环境))$	THEN 依次提高<作业空间><空气状况><视觉条件><声音状况><自然环境>安全水平

(3)装配式建筑施工安全风险状态诊控规则

装配式建筑施工安全风险状态识别规则化显性表达如表 3.1-7 所示。

表 3.1-7　装配式建筑施工安全风险状态识别规则化显性表达

规则前提	规则结论
IF $T(S(从业人员)\leqslant\theta^{(2)})+T(S(施工对象)\leqslant\theta^{(2)})+T(S(施工方法)\leqslant\theta^{(2)})+T(S(施工手段)\leqslant\theta^{(2)})+T(S(施工环境)\leqslant\theta^{(2)})\geqslant3$	THEN 可能出现<轻微事故>
IF $w1*S(从业人员)+w2*S(施工对象)+w3*S(施工方法)+w4*S(施工手段)+w5*S(施工环境)\leqslant\theta^{(13)}$	THEN 可能出现<轻微事故>
IF $T(S(从业人员)\leqslant\theta^{(13)})+T(S(施工对象)\leqslant\theta^{(13)})+T(S(施工方法)\leqslant\theta^{(13)})+T(S(施工手段)\leqslant\theta^{(13)})+T(S(施工环境)\leqslant\theta^{(13)})\geqslant3$	THEN 可能出现<一般事故>
IF $w1*S(从业人员)+w2*S(施工对象)+w3*S(施工方法)+w4*S(施工手段)+w5*S(施工环境)\leqslant\theta^{(12)}$	THEN 可能出现<一般事故>
IF $T(S(从业人员)\leqslant\theta^{(12)})+T(S(施工对象)\leqslant\theta^{(12)})+T(S(施工方法)\leqslant\theta^{(12)})+T(S(施工手段)\leqslant\theta^{(12)})+T(S(施工环境)\leqslant\theta^{(12)})\geqslant3$	THEN 可能出现<严重事故>

表3.1-7(续)

规则前提	规则结论
IF w1＊S(从业人员)+w2＊S(施工对象)+w3＊S(施工方法)+w4＊S(施工手段)+w5＊S(施工环境)≤ $\theta^{(11)}$	THEN 可能出现<严重事故>

装配式建筑施工安全风险状态控制规则化显性表达如表3.1-8所示。

表 3.1-8　装配式建筑施工安全风险状态控制规则化显性表达

规则前提	规则结论
IF 可能出现<轻微事故> AND w1＊(1-S(从业人员))>w2＊(1-S(施工对象))>w3＊(1-S(施工方法))>w4＊(1-S(施工手段))>w5＊(1-S(施工环境))	THEN 着力依次提高<从业人员><施工对象><施工方法><施工手段><施工环境>安全水平
IF 可能出现<一般事故> AND w1＊(1-S(从业人员))>w2＊(1-S(施工对象))>w3＊(1-S(施工方法))>w4＊(1-S(施工手段))>w5＊(1-S(施工环境))	THEN 努力依次提高<从业人员><施工对象><施工方法><施工手段><施工环境>安全水平
IF 可能出现<严重事故> AND w1＊(1-S(从业人员))>w2＊(1-S(施工对象))>w3＊(1-S(施工方法))>w4＊(1-S(施工手段))>w5＊(1-S(施工环境))	THEN 全力依次提高<从业人员><施工对象><施工方法><施工手段><施工环境>安全水平

3.2　逆向装配式建筑施工安全风险诊控规则生成

相对于从事物的内在机理规律分析出发推导出规则的正向生成方式，逆向规则生成方式是指通过对大量的事后实例信息、大量的实验仿真数据结果等，进行数据与信息处理，挖掘得到相关的施工安全风险诊控规则的方式。简而言之，正向规则生成方式是事前规律推导，逆向规则生成方式是事后信息挖掘。

3.2.1　基础信息采集与诊控规则要素提取

基础信息采集与提取是逆向施工安全风险诊控规则生成的重要前提。这里，采用调研与数理统计分析、试验测试、参数测算等多种方法，进行装配式建筑施工安全风险实例历史信息、调研信息、试验测试数据、修正参数等相关信息提取。

3.2.2　静态诊控规则挖掘

通过判定是否可生成装配式建筑施工安全风险信息的时序数列，在一定的时间阈值内，当特定的安全风险发生的频数低于设定阈值时，应用 AIA 算法实现静态施工安全风险诊控规则挖掘。

（1）装配式建筑施工安全风险元组诊控规则

这里以<生理因素>隐患的诊控参数优化为例，建立如下诊控参数优化模型：

$$\min f = (w_{11}\theta_{141}^{(4)} + w_{12}\theta_{142}^{(4)} + w_{13}\theta_{143}^{(4)} + w_{14}\theta_{144}^{(4)} + w_{15}\theta_{145}^{(4)} - \theta^{(3)} - \varepsilon_{14}^{(3)})^2 +$$
$$(w_{21}\theta_{141}^{(4)} + w_{22}\theta_{142}^{(4)} + w_{23}\theta_{143}^{(4)} + w_{24}\theta_{144}^{(4)} + w_{25}\theta_{145}^{(4)} - \theta^{(3)} - \varepsilon_{14}^{(3)})^2 + \cdots +$$
$$(w_{u1}\theta_{141}^{(4)} + w_{u2}\theta_{142}^{(4)} + w_{u3}\theta_{143}^{(4)} + w_{u4}\theta_{144}^{(4)} + w_{u5}\theta_{145}^{(4)} - \theta^{(3)} - \varepsilon_{14}^{(3)})^2 \tag{3.2-1}$$

$$\text{s.t.} \quad g(\theta_{141}^{(4)}, \varphi)(1 - \Delta_g) \leqslant \theta_{141}^{(4)} \leqslant g(\theta_{141}^{(4)}, \varphi)(1 + \Delta_g) \tag{3.2-2}$$

$$g(\theta_{142}^{(4)}, \varphi)(1 - \Delta_g) \leqslant \theta_{142}^{(4)} \leqslant g(\theta_{142}^{(4)}, \varphi)(1 + \Delta_g) \tag{3.2-3}$$

$$g(\theta_{143}^{(4)}, \varphi)(1 - \Delta_g) \leqslant \theta_{143}^{(4)} \leqslant g(\theta_{143}^{(4)}, \varphi)(1 + \Delta_g) \tag{3.2-4}$$

$$g(\theta_{144}^{(4)}, \varphi)(1 - \Delta_g) \leqslant \theta_{144}^{(4)} \leqslant g(\theta_{144}^{(4)}, \varphi)(1 + \Delta_g) \tag{3.2-5}$$

$$g(\theta_{145}^{(4)}, \varphi)(1 - \Delta_g) \leqslant \theta_{145}^{(4)} \leqslant g(\theta_{145}^{(4)}, \varphi)(1 + \Delta_g) \tag{3.2-6}$$

$$\theta_{141}^{(4)} + \theta_{142}^{(4)} + \theta_{143}^{(4)} + \theta_{144}^{(4)} + \theta_{145}^{(4)} \leqslant \Psi_1[g(\theta_{141}^{(4)}, \varphi), g(\theta_{142}^{(4)}, \varphi), g(\theta_{143}^{(4)}, \varphi),$$
$$g(\theta_{144}^{(4)}, \varphi), g(\theta_{145}^{(4)}, \varphi)] \tag{3.2-7}$$

$$\Psi_0[g(\theta_{141}^{(4)}, \varphi), g(\theta_{142}^{(4)}, \varphi), g(\theta_{143}^{(4)}, \varphi), g(\theta_{144}^{(4)}, \varphi), g(\theta_{145}^{(4)}, \varphi)] \leqslant$$
$$\theta_{141}^{(4)} + \theta_{142}^{(4)} + \theta_{143}^{(4)} + \theta_{144}^{(4)} + \theta_{145}^{(4)} \tag{3.2-8}$$

$$\{[(\theta_{141}^{(4)} - \overline{\theta_{14}^{(4)}})^2 + (\theta_{142}^{(4)} - \overline{\theta_{14}^{(4)}})^2 + (\theta_{143}^{(4)} - \overline{\theta_{14}^{(4)}})^2 + (\theta_{144}^{(4)} - \overline{\theta_{14}^{(4)}})^2 + (\theta_{145}^{(4)} -$$
$$\overline{\theta_{14}^{(4)}})^2]/5\}^{1/2} \leqslant \delta_{14}^{(4)} \tag{3.2-9}$$

$$0 \leqslant \theta_{141}^{(4)} \leqslant 1 \tag{3.2-10}$$

$$0 \leqslant \theta_{142}^{(4)} \leqslant 1 \tag{3.2-11}$$

$$0 \leqslant \theta_{143}^{(4)} \leqslant 1 \tag{3.2-12}$$

$$0 \leqslant \theta_{144}^{(4)} \leqslant 1 \tag{3.2-13}$$

$$0 \leqslant \theta_{145}^{(4)} \leqslant 1 \tag{3.2-14}$$

应用 AIA 算法求解上述优化模型，得出最优的诊控参数 $\theta_{141}^{(4)}$，$\theta_{142}^{(4)}$，$\theta_{143}^{(4)}$，$\theta_{144}^{(4)}$ 和 $\theta_{145}^{(4)}$。AIA 算法求解过程如下：

抗体表示：针对此类问题，抗体采用一维编码，诊控参数可以表达成一个 m 维的抗体，m 为诊控参数的个数。

$$\boldsymbol{X} = [x_1 \quad x_2 \quad \cdots \quad x_m] \tag{3.2-15}$$

AIA 算法求解步骤如下：

步骤 1：设定基本参数初始值。包括：最大迭代次数 $T_{\max}$；最小学习误差阈值 $e_{\min}$；抗体种群规模 N；抗体激活率 α，控制率 β，死亡率 γ，抗原密度 ρ_0；抗体密度下限阈值 $\rho_{\min}$；h 个最高密度抗体的密度阈值 ρ_h。

步骤 2：初始化抗体种群。首先将约束条件式（3.2-2）~式（3.2-6）与约束条件式

(3.2-10)~式(3.2-14)合并，在合并后的约束范围内，随机生成 N 个编码如式(3.2-15)所示的满足约束条件式(3.2-7)~式(3.2-9)的抗体 $X^{(u)}$（$u=1, 2, \cdots, N$），并赋予各个抗体 u 的初始密度 $\rho_u = 1/N$（$u=1, 2, \cdots, N$）。完成初始抗体种群的生成工作。

步骤3：计算抗体与抗原间亲和力。依据公式(3.2-16)，计算初始抗体种群中的各个抗体 u 与抗原之间的亲和力 g_u。其中，Z 是计算的目标函数值。

$$g_u = g(X^{(u)}, Ag) = Z^{-1} \qquad u=1, 2, \cdots, N \qquad (3.2-16)$$

步骤4：计算抗体与抗体间亲和力。利用公式(3.2-17)计算抗体 u 与抗体 v 间的"有效"亲和力 g_{uv}。其中，$x_i^{(u)}$ 表示抗体 u 中诊控参数 i 的数值；$x_i^{(v)}$ 表示抗体 v 中诊控参数 i 的数值。

$$g_{uv} = g(X^{(u)}, X^{(v)}) = 1 - \frac{\sum_{i=1}^{m}\sum_{j=1}^{n}\left| x_{ij}^{(u)} - x_{ij}^{(v)} \right|}{\sum_{i=1}^{m}\sum_{j=1}^{n}\left| x_{ij}^{(u)} + x_{ij}^{(v)} \right|} \qquad u=1, 2, \cdots, N; v=1, 2, \cdots, N$$

$$(3.2-17)$$

步骤5：实现克隆选择计算。参考 Cayzer 和 Aickelin 设计出抗体密度的调整方程如式(3.2-18)所示，针对每一抗体 u 进行克隆选择计算。

$$\rho_u = \rho_u + \alpha g_u \rho_u \rho_0 - \frac{\beta}{N}\sum_{v=1}^{N} g_{uv}\rho_u\rho_v - \gamma\rho_u \qquad u=1, 2, \cdots, N \qquad (3.2-18)$$

步骤6：更新抗体种群。若 $\rho_u < \rho_{\min}$（$u=1, 2, \cdots, N$），删去对应的抗体 $X^{(u)}$，统计被删去抗体的总数 N_d。

步骤7：判断算法运行结束条件。当密度最高的前 h 个抗体的密度$<\rho_h$，且学习误差 $e > e_{\min}$，或迭代次数 $t \leqslant T_{\max}$，依据步骤2方法随机生成 N_d 个新抗体，到步骤3，否则算法终止运行。

当算法结束后得到的最优解 $\boldsymbol{X}^* = \begin{bmatrix} x_1^* & x_2^* & \cdots & x_m^* \end{bmatrix}$ 为诊控参数 $\theta_{141}^{(4)}$，$\theta_{142}^{(4)}$，$\theta_{143}^{(4)}$，$\theta_{144}^{(4)}$ 和 $\theta_{145}^{(4)}$ 的最优解，$\theta_{141}^{(4)} = x_1^*$，$\theta_{142}^{(4)} = x_2^*$，$\theta_{143}^{(4)} = x_3^*$，$\theta_{144}^{(4)} = x_4^*$，$\theta_{145}^{(4)} = x_5^*$。

在上述实现步骤中，公式(3.2-17)的作用是提高与抗原（优化问题）亲和力高的抗体的克隆数量；通过公式(3.2-18)，可以实现抑制与其他抗体亲和力高的抗体被克隆的数量，建立了解的多样性的形成机制。

装配式建筑施工安全风险元组隐患识别规则化显性表达如表3.2-1所示。

表3.2-1 装配式建筑施工安全风险元组隐患识别规则化显性表达

规则前提	规则结论
IF S(安全意识) $\leqslant \theta_{111}^{(4)}$	THEN 可能出现<思想因素>隐患
IF S(重视程度) $\leqslant \theta_{112}^{(4)}$	THEN 可能出现<思想因素>隐患
IF w1 $*$ S(安全意识)+w2 $*$ S(重视程度) $\leqslant \theta^{(3)} + \varepsilon_{11}^{(3)}$	THEN 可能出现<思想因素>隐患
IF S(教育程度) $\leqslant \theta_{121}^{(4)}$	THEN 可能出现<知识因素>隐患

表3.2-1(续)

规则前提	规则结论
IF S(培训程度)$\leqslant \theta_{122}^{(4)}$	THEN 可能出现<知识因素>隐患
IF w1 * S(教育程度)+w2 * S(培训程度)$\leqslant \theta^{(3)} + \varepsilon_{12}^{(3)}$	THEN 可能出现<知识因素>隐患
IF S(执业资格)$\leqslant \theta_{131}^{(4)}$	THEN 可能出现<能力因素>隐患
IF S(操作技能)$\leqslant \theta_{132}^{(4)}$	THEN 可能出现<能力因素>隐患
IF S(施工经验)$\leqslant \theta_{133}^{(4)}$	THEN 可能出现<能力因素>隐患
IF w1 * S(执业资格)+w2 * S(操作技能)+w3 * S(施工经验) $\leqslant \theta^{(3)} + \varepsilon_{13}^{(3)}$	THEN 可能出现<能力因素>隐患
IF S(体能状况)$\leqslant \theta_{141}^{(4)}$	THEN 可能出现<生理因素>隐患
IF S(精力状况)$\leqslant \theta_{142}^{(4)}$	THEN 可能出现<生理因素>隐患
IF S(疲劳程度)$\leqslant \theta_{143}^{(4)}$	THEN 可能出现<生理因素>隐患
IF S(年龄大小)$\leqslant \theta_{144}^{(4)}$	THEN 可能出现<生理因素>隐患
IF S(健康程度)$\leqslant \theta_{145}^{(4)}$	THEN 可能出现<生理因素>隐患
IF w1 * S(体能状况)+w2 * S(精力状况)+w3 * S(疲劳程度)+w4 * S(年龄大小)+w5 * S(健康程度)$\leqslant \theta^{(3)} + \varepsilon_{14}^{(3)}$	THEN 可能出现<生理因素>隐患
IF S(心理特征)$\leqslant \theta_{151}^{(4)}$	THEN 可能出现<心理因素>隐患
IF S(情绪波动)$\leqslant \theta_{152}^{(4)}$	THEN 可能出现<心理因素>隐患
IF w1 * S(心理特征)+w2 * S(情绪波动)$\leqslant \theta^{(3)} + \varepsilon_{15}^{(3)}$	THEN 可能出现<心理因素>隐患
IF S(构件质量)$\leqslant \theta_{211}^{(4)}$	THEN 可能出现<预制构件>隐患
IF S(构件安装难度)$\leqslant \theta_{212}^{(4)}$	THEN 可能出现<预制构件>隐患
IF S(构件新奇特度)$\leqslant \theta_{213}^{(4)}$	THEN 可能出现<预制构件>隐患
IF w1 * S(构件质量)+w2 * S(构件安装难度)+w3 * S(构件新奇特度)$\leqslant \theta^{(3)} + \varepsilon_{21}^{(3)}$	THEN 可能出现<预制构件>隐患
⋮	⋮
IF S(气温高低)$\leqslant \theta_{551}^{(4)}$	THEN 可能出现<自然环境>隐患
IF S(风力大小)$\leqslant \theta_{552}^{(4)}$	THEN 可能出现<自然环境>隐患
IF S(雨雪冰雹)$\leqslant \theta_{553}^{(4)}$	THEN 可能出现<自然环境>隐患
IF S(地质条件)$\leqslant \theta_{554}^{(4)}$	THEN 可能出现<自然环境>隐患
IF w1 * S(气温高低)+w2 * S(风力大小)+w3 * S(雨雪冰雹)+w4 * S(地质条件)$\leqslant \theta^{(3)} + \varepsilon_{55}^{(3)}$	THEN 可能出现<自然环境>隐患

(2)装配式建筑施工安全风险征兆诊控规则

以<从业人员>风险征兆的诊控参数优化为例,建立如下诊控参数优化模型:

$$\min f = (w_{11}\theta_{11}^{(3)} + w_{12}\theta_{12}^{(3)} + w_{13}\theta_{13}^{(3)} + w_{14}\theta_{14}^{(3)} + w_{15}\theta_{15}^{(3)} - \theta^{(2)} - \varepsilon_1^{(2)})^2 +$$
$$(w_{21}\theta_{11}^{(3)} + w_{22}\theta_{12}^{(3)} + w_{23}\theta_{13}^{(3)} + w_{24}\theta_{14}^{(3)} + w_{25}\theta_{15}^{(3)} - \theta^{(2)} - \varepsilon_1^{(2)})^2 + \cdots +$$
$$(w_{u1}\theta_{11}^{(3)} + w_{u2}\theta_{12}^{(3)} + w_{u3}\theta_{13}^{(3)} + w_{u4}\theta_{14}^{(3)} + w_{u5}\theta_{15}^{(3)} - \theta^{(2)} - \varepsilon_1^{(2)})^2 \qquad (3.2-19)$$

$$\text{s.t.} \quad g(\theta_{11}^{(3)}, \varphi)(1 - \Delta_g) \leqslant \theta_{11}^{(3)} \leqslant g(\theta_{11}^{(3)}, \varphi)(1 + \Delta_g) \tag{3.2-20}$$

$$g(\theta_{12}^{(3)}, \varphi)(1 - \Delta_g) \leqslant \theta_{12}^{(3)} \leqslant g(\theta_{12}^{(3)}, \varphi)(1 + \Delta_g) \tag{3.2-21}$$

$$g(\theta_{13}^{(3)}, \varphi)(1 - \Delta_g) \leqslant \theta_{13}^{(3)} \leqslant g(\theta_{13}^{(3)}, \varphi)(1 + \Delta_g) \tag{3.2-22}$$

$$g(\theta_{14}^{(3)}, \varphi)(1 - \Delta_g) \leqslant \theta_{14}^{(3)} \leqslant g(\theta_{14}^{(3)}, \varphi)(1 + \Delta_g) \tag{3.2-23}$$

$$g(\theta_{15}^{(3)}, \varphi)(1 - \Delta_g) \leqslant \theta_{15}^{(3)} \leqslant g(\theta_{15}^{(3)}, \varphi)(1 + \Delta_g) \tag{3.2-24}$$

$$\theta_{11}^{(3)} + \theta_{12}^{(3)} + \theta_{13}^{(3)} + \theta_{14}^{(3)} + \theta_{15}^{(3)} \leqslant \Psi_1[g(\theta_{11}^{(3)}, \varphi), g(\theta_{12}^{(3)}, \varphi), g(\theta_{13}^{(3)}, \varphi), g(\theta_{14}^{(3)}, \varphi), g(\theta_{15}^{(3)}, \varphi)] \tag{3.2-25}$$

$$\Psi_0[g(\theta_{11}^{(3)}, \varphi), g(\theta_{12}^{(3)}, \varphi), g(\theta_{13}^{(3)}, \varphi), g(\theta_{14}^{(3)}, \varphi), g(\theta_{15}^{(3)}, \varphi)] \leqslant$$
$$\theta_{11}^{(3)} + \theta_{12}^{(3)} + \theta_{13}^{(3)} + \theta_{14}^{(3)} + \theta_{15}^{(3)} \tag{3.2-26}$$

$$\{[(\theta_{11}^{(3)} - \overline{\theta_1^{(3)}})^2 + (\theta_{12}^{(3)} - \overline{\theta_1^{(3)}})^2 + (\theta_{13}^{(3)} - \overline{\theta_1^{(3)}})^2 + (\theta_{14}^{(3)} - \overline{\theta_1^{(3)}})^2 + (\theta_{15}^{(3)} - \overline{\theta_1^{(3)}})^2]/5\}^{1/2} \leqslant \delta_1^{(3)} \tag{3.2-27}$$

$$0 \leqslant \theta_{11}^{(3)} \leqslant 1 \tag{3.2-28}$$

$$0 \leqslant \theta_{12}^{(3)} \leqslant 1 \tag{3.2-29}$$

$$0 \leqslant \theta_{13}^{(3)} \leqslant 1 \tag{3.2-30}$$

$$0 \leqslant \theta_{14}^{(3)} \leqslant 1 \tag{3.2-31}$$

$$0 \leqslant \theta_{15}^{(3)} \leqslant 1 \tag{3.2-32}$$

应用 AIA 算法求解上述优化模型，得出最优的诊控参数 $\theta_{11}^{(3)}$，$\theta_{12}^{(3)}$，$\theta_{13}^{(3)}$，$\theta_{14}^{(3)}$ 和 $\theta_{15}^{(3)}$。AIA 算法求解步骤同上。

装配式建筑施工安全风险征兆识别规则化显性表达如表 3.2-2 所示。

表 3.2-2　装配式建筑施工安全风险征兆识别规则化显性表达

规则前提	规则结论
IF S(思想因素) $\leqslant \theta_{11}^{(3)}$	THEN 可能出现<从业人员>风险征兆
IF S(知识因素) $\leqslant \theta_{12}^{(3)}$	THEN 可能出现<从业人员>风险征兆
IF S(能力因素) $\leqslant \theta_{13}^{(3)}$	THEN 可能出现<从业人员>风险征兆
IF S(生理因素) $\leqslant \theta_{14}^{(3)}$	THEN 可能出现<从业人员>风险征兆
IF S(心理因素) $\leqslant \theta_{15}^{(3)}$	THEN 可能出现<从业人员>风险征兆
IF w1 * S(思想因素)+w2 * S(知识因素)+w3 * S(能力因素)+w4 * S(生理因素)+w5 * S(心理因素) $\leqslant \theta^{(2)} + \varepsilon_1^{(2)}$	THEN 可能出现<从业人员>风险征兆
IF S(预制构件) $\leqslant \theta_{21}^{(3)}$	THEN 可能出现<施工对象>风险征兆
IF S(相关配件) $\leqslant \theta_{22}^{(3)}$	THEN 可能出现<施工对象>风险征兆
IF S(辅助材料) $\leqslant \theta_{23}^{(3)}$	THEN 可能出现<施工对象>风险征兆
IF S(水暖材料) $\leqslant \theta_{24}^{(3)}$	THEN 可能出现<施工对象>风险征兆

表3.2-2(续)

规则前提	规则结论
IF S(电气材料) $\leq \theta_{25}^{(3)}$	THEN 可能出现<施工对象>风险征兆
IF w1 * S(预制构件)+w2 * S(相关配件)+w3 * S(辅助材料)+w4 * S(水暖材料)+w5 * S(电气材料) $\leq \theta^{(2)}$ + $\varepsilon_2^{(2)}$	THEN 可能出现<施工对象>风险征兆
IF S(施工技术) $\leq \theta_{31}^{(3)}$	THEN 可能出现<施工方法>风险征兆
IF S(施工工艺) $\leq \theta_{32}^{(3)}$	THEN 可能出现<施工方法>风险征兆
IF S(施工组织) $\leq \theta_{33}^{(3)}$	THEN 可能出现<施工方法>风险征兆
IF S(施工布局) $\leq \theta_{34}^{(3)}$	THEN 可能出现<施工方法>风险征兆
IF S(施工安检) $\leq \theta_{35}^{(3)}$	THEN 可能出现<施工方法>风险征兆
IF w1 * S(施工技术)+w2 * S(施工工艺)+w3 * S(施工组织)+w4 * S(施工布局)+w5 * S(施工安检) $\leq \theta^{(2)}$ + $\varepsilon_3^{(2)}$	THEN 可能出现<施工方法>风险征兆
IF S(施工设备) $\leq \theta_{41}^{(3)}$	THEN 可能出现<施工手段>风险征兆
IF S(施工动力) $\leq \theta_{42}^{(3)}$	THEN 可能出现<施工手段>风险征兆
IF S(施工燃料) $\leq \theta_{43}^{(3)}$	THEN 可能出现<施工手段>风险征兆
IF S(施工工具) $\leq \theta_{44}^{(3)}$	THEN 可能出现<施工手段>风险征兆
IF S(施工防护) $\leq \theta_{45}^{(3)}$	THEN 可能出现<施工手段>风险征兆
IF w1 * S(施工设备)+w2 * S(施工动力)+w3 * S(施工燃料)+w4 * S(施工工具)+w5 * S(施工防护) $\leq \theta^{(2)}$ + $\varepsilon_4^{(2)}$	THEN 可能出现<施工手段>风险征兆
IF S(作业空间) $\leq \theta_{51}^{(3)}$	THEN 可能出现<施工环境>风险征兆
IF S(空气状况) $\leq \theta_{52}^{(3)}$	THEN 可能出现<施工环境>风险征兆
IF S(视觉条件) $\leq \theta_{53}^{(3)}$	THEN 可能出现<施工环境>风险征兆
IF S(声音状况) $\leq \theta_{54}^{(3)}$	THEN 可能出现<施工环境>风险征兆
IF S(自然环境) $\leq \theta_{55}^{(3)}$	THEN 可能出现<施工环境>风险征兆
IF w1 * S(作业空间)+w2 * S(空气状况)+w3 * S(视觉条件)+w4 * S(声音状况)+w5 * S(自然环境) $\leq \theta^{(2)}$ + $\varepsilon_5^{(2)}$	THEN 可能出现<施工环境>风险征兆
⋮	⋮

(3)装配式建筑施工安全风险状态诊控规则

这里以<轻微事故>的诊控参数优化为例,建立如下诊控参数优化模型:

$$\min f = (w_{11}\theta_1^{(2)} + w_{12}\theta_2^{(2)} + w_{13}\theta_3^{(2)} + w_{14}\theta_4^{(2)} + w_{15}\theta_5^{(2)} - \theta^{(13)} - \varepsilon^{(13)})^2 +$$
$$(w_{21}\theta_1^{(2)} + w_{22}\theta_2^{(2)} + w_{23}\theta_3^{(2)} + w_{24}\theta_4^{(2)} + w_{25}\theta_5^{(2)} - \theta^{(13)} - \varepsilon^{(13)})^2 + \cdots +$$
$$(w_{u1}\theta_1^{(2)} + w_{u2}\theta_2^{(2)} + w_{u3}\theta_3^{(2)} + w_{u4}\theta_4^{(2)} + w_{u5}\theta_5^{(2)} - \theta^{(13)} - \varepsilon^{(13)})^2 \qquad (3.2-33)$$

$$\text{s.t.} \quad g(\theta_1^{(2)}, \varphi)(1 - \Delta_g) \leq \theta_1^{(2)} \leq g(\theta_1^{(2)}, \varphi)(1 + \Delta_g) \quad (3.2-34)$$

$$g(\theta_2^{(2)}, \varphi)(1 - \Delta_g) \leq \theta_2^{(2)} \leq g(\theta_2^{(2)}, \varphi)(1 + \Delta_g) \quad (3.2-35)$$

$$g(\theta_3^{(2)}, \varphi)(1 - \Delta_g) \leq \theta_3^{(2)} \leq g(\theta_3^{(2)}, \varphi)(1 + \Delta_g) \quad (3.2-36)$$

$$g(\theta_4^{(2)}, \varphi)(1 - \Delta_g) \leq \theta_4^{(2)} \leq g(\theta_4^{(2)}, \varphi)(1 + \Delta_g) \quad (3.2-37)$$

$$g(\theta_5^{(2)}, \varphi)(1 - \Delta_g) \leq \theta_5^{(2)} \leq g(\theta_5^{(2)}, \varphi)(1 + \Delta_g) \quad (3.2-38)$$

$$\theta_1^{(2)} + \theta_2^{(2)} + \theta_3^{(2)} + \theta_4^{(2)} + \theta_5^{(2)} \leq \Psi_1 [g(\theta_1^{(2)}, \varphi), g(\theta_2^{(2)}, \varphi), g(\theta_3^{(2)}, \varphi), g(\theta_4^{(2)}, \varphi),$$
$$g(\theta_5^{(2)}, \varphi)] \quad (3.2-39)$$

$$\Psi_0 [g(\theta_1^{(2)}, \varphi), g(\theta_2^{(2)}, \varphi), g(\theta_3^{(2)}, \varphi), g(\theta_4^{(2)}, \varphi), g(\theta_5^{(2)}, \varphi)] \leq$$
$$\theta_1^{(2)} + \theta_2^{(2)} + \theta_3^{(2)} + \theta_4^{(2)} + \theta_5^{(2)} \quad (3.2-40)$$

$$\{[(\theta_1^{(2)} - \overline{\theta_1^{(13)}})^2 + (\theta_2^{(2)} - \overline{\theta_1^{(13)}})^2 + (\theta_3^{(2)} - \overline{\theta_1^{(13)}})^2 + (\theta_4^{(2)} - \overline{\theta_1^{(13)}})^2 +$$
$$(\theta_5^{(2)} - \overline{\theta_1^{(13)}})^2]/5\}^{1/2} \leq \delta^{(13)} \quad (3.2-41)$$

$$0 \leq \theta_1^{(2)} \leq 1 \quad (3.2-42)$$

$$0 \leq \theta_2^{(2)} \leq 1 \quad (3.2-43)$$

$$0 \leq \theta_3^{(2)} \leq 1 \quad (3.2-44)$$

$$0 \leq \theta_4^{(2)} \leq 1 \quad (3.2-45)$$

$$0 \leq \theta_5^{(2)} \leq 1 \quad (3.2-46)$$

应用 AIA 算法求解上述优化模型，得出最优的诊控参数 $\theta_1^{(2)}$，$\theta_2^{(2)}$，$\theta_3^{(2)}$，$\theta_4^{(2)}$ 和 $\theta_5^{(2)}$。AIA 算法求解步骤同上。

装配式建筑施工安全风险状态识别规则化显性表达如表 3.2-3 所示。

表 3.2-3 装配式建筑施工安全风险状态识别规则化显性表达

规则前提	规则结论
IF S(从业人员) $\leq \theta_1^{(2)}$	THEN 可能出现<轻微事故>
IF S(施工对象) $\leq \theta_2^{(2)}$	THEN 可能出现<轻微事故>
IF S(施工方法) $\leq \theta_3^{(2)}$	THEN 可能出现<轻微事故>
IF S(施工手段) $\leq \theta_4^{(2)}$	THEN 可能出现<轻微事故>
IF S(施工环境) $\leq \theta_5^{(2)}$	THEN 可能出现<轻微事故>
IF w1 * S(从业人员)+w2 * S(施工对象)+w3 * S(施工方法)+ w4 * S(施工手段)+w5 * S(施工环境) $\leq \theta^{(13)} + \varepsilon^{(13)}$	THEN 可能出现<轻微事故>
IF S(从业人员) $\leq \theta_1^{(13)}$	THEN 可能出现<一般事故>
IF S(施工对象) $\leq \theta_2^{(13)}$	THEN 可能出现<一般事故>
IF S(施工方法) $\leq \theta_3^{(13)}$	THEN 可能出现<一般事故>
IF S(施工手段) $\leq \theta_4^{(13)}$	THEN 可能出现<一般事故>
IF S(施工环境) $\leq \theta_5^{(13)}$	THEN 可能出现<一般事故>

表3.2-3(续)

规则前提	规则结论
IF w1 * S(从业人员)+w2 * S(施工对象)+w3 * S(施工方法)+w4 * S(施工手段)+w5 * S(施工环境)$\leqslant \theta^{(12)} + \varepsilon^{(12)}$	THEN 可能出现<一般事故>
IF S(从业人员)$\leqslant \theta_1^{(12)}$	THEN 可能出现<严重事故>
IF S(施工对象)$\leqslant \theta_2^{(12)}$	THEN 可能出现<严重事故>
IF S(施工方法)$\leqslant \theta_3^{(12)}$	THEN 可能出现<严重事故>
IF S(施工手段)$\leqslant \theta_4^{(12)}$	THEN 可能出现<严重事故>
IF S(施工环境)$\leqslant \theta_5^{(12)}$	THEN 可能出现<严重事故>
IF w1 * S(从业人员)+w2 * S(施工对象)+w3 * S(施工方法)+w4 * S(施工手段)+w5 * S(施工环境)$\leqslant \theta^{(11)} + \varepsilon^{(11)}$	THEN 可能出现<严重事故>

3.2.3 动态诊控规则挖掘

在充分调研的基础上,识别出周期性动态特征,实现周期性变动规则挖掘;利用系统动力学仿真实验,分析趋势性等动态特征,实现趋势性变动规则挖掘。

(1)周期性变动规则挖掘

针对某些具有典型周期性变动的施工安全风险元素,通过调研与数理统计,得出不同时间点上的安全水平的变动系数。拟合出不同时间点变动系数的函数:$\psi_{ijk}^{(4)} = \xi_{ijk}^{(4)}(t)$。

装配式建筑施工安全风险周期性变动规则如表3.2-4所示。

表3.2-4 装配式建筑施工安全风险周期性变动规则

施工安全风险元素	不同时间点上的安全水平的变动系数
<安全意识>	$\xi_{111}^{(4)}(1), \xi_{111}^{(4)}(2), \cdots, \xi_{111}^{(4)}(t), \cdots, \xi_{111}^{(4)}(n)$
<重视程度>	$\xi_{112}^{(4)}(1), \xi_{112}^{(4)}(2), \cdots, \xi_{112}^{(4)}(t), \cdots, \xi_{112}^{(4)}(n)$
<体能状况>	$\xi_{141}^{(4)}(1), \xi_{141}^{(4)}(2), \cdots, \xi_{141}^{(4)}(t), \cdots, \xi_{141}^{(4)}(n)$
<精力状况>	$\xi_{142}^{(4)}(1), \xi_{142}^{(4)}(2), \cdots, \xi_{142}^{(4)}(t), \cdots, \xi_{142}^{(4)}(n)$
<疲劳程度>	$\xi_{143}^{(4)}(1), \xi_{143}^{(4)}(2), \cdots, \xi_{143}^{(4)}(t), \cdots, \xi_{143}^{(4)}(n)$
<情绪波动>	$\xi_{152}^{(4)}(1), \xi_{152}^{(4)}(2), \cdots, \xi_{152}^{(4)}(t), \cdots, \xi_{152}^{(4)}(n)$
<保养维护程度>	$\xi_{411}^{(4)}(1), \xi_{411}^{(4)}(2), \cdots, \xi_{411}^{(4)}(t), \cdots, \xi_{411}^{(4)}(n)$
<工具完好程度>	$\xi_{443}^{(4)}(1), \xi_{443}^{(4)}(2), \cdots, \xi_{443}^{(4)}(t), \cdots, \xi_{443}^{(4)}(n)$
<防护器械状态>	$\xi_{452}^{(4)}(1), \xi_{452}^{(4)}(2), \cdots, \xi_{452}^{(4)}(t), \cdots, \xi_{452}^{(4)}(n)$
<作业空间共享>	$\xi_{513}^{(4)}(1), \xi_{513}^{(4)}(2), \cdots, \xi_{513}^{(4)}(t), \cdots, \xi_{513}^{(4)}(n)$
<光线条件>	$\xi_{531}^{(4)}(1), \xi_{531}^{(4)}(2), \cdots, \xi_{531}^{(4)}(t), \cdots, \xi_{531}^{(4)}(n)$
<噪声强度>	$\xi_{542}^{(4)}(1), \xi_{542}^{(4)}(2), \cdots, \xi_{542}^{(4)}(t), \cdots, \xi_{542}^{(4)}(n)$

表3.2-4(续)

施工安全风险元素	不同时间点上的安全水平的变动系数
<气温高低>	$\xi_{551}^{(4)}(1), \xi_{551}^{(4)}(2), \cdots, \xi_{551}^{(4)}(t), \cdots, \xi_{551}^{(4)}(n)$
<风力大小>	$\xi_{552}^{(4)}(1), \xi_{552}^{(4)}(2), \cdots, \xi_{552}^{(4)}(t), \cdots, \xi_{552}^{(4)}(n)$
<雨雪冰雹>	$\xi_{553}^{(4)}(1), \xi_{553}^{(4)}(2), \cdots, \xi_{553}^{(4)}(t), \cdots, \xi_{553}^{(4)}(n)$
⋮	⋮

装配式建筑施工安全风险周期性变动控制规则如表 3.2-5 所示。

表 3.2-5　装配式建筑施工安全风险周期性变动控制规则

规则前提	规则结论
IF $\psi_{ijk}^{(4)} = \xi_{ijk}^{(4)}(t) < \vartheta$	THEN 在所有符合条件的时间点 t 上，加强对施工安全风险元素 ijk 的控制

（2）趋势性变动规则挖掘

装配式建筑施工安全风险趋势性变动规则如表 3.2-6 所示。

表 3.2-6　装配式建筑施工安全风险趋势性变动规则

规则前提	规则结论
IF S(安全意识)变化率= $\Delta_{111}^{(4)}$	THEN S(思想因素)在时间点 t 的趋势值为 $S_{11}^{(3)}(t, \Delta_{111}^{(4)})$
	AND S(从业人员)在时间点 t 的趋势值为 $S_1^{(2)}(t, \Delta_{111}^{(4)})$
	AND S(装配式建筑施工)在时间点 t 的趋势值为 $S^{(1)}(t, \Delta_{111}^{(4)})$
IF S(重视程度)变化率= $\Delta_{112}^{(4)}$	THEN S(思想因素)在时间点 t 的趋势值为 $S_{11}^{(3)}(t, \Delta_{112}^{(4)})$
	AND S(从业人员)在时间点 t 的趋势值为 $S_1^{(2)}(t, \Delta_{112}^{(4)})$
	AND S(装配式建筑施工)在时间点 t 的趋势值为 $S^{(1)}(t, \Delta_{112}^{(4)})$
IF S(教育程度)变化率= $\Delta_{121}^{(4)}$	THEN S(知识因素)在时间点 t 的趋势值为 $S_{12}^{(3)}(t, \Delta_{121}^{(4)})$
	AND S(从业人员)在时间点 t 的趋势值为 $S_1^{(2)}(t, \Delta_{121}^{(4)})$
	AND S(装配式建筑施工)在时间点 t 的趋势值为 $S^{(1)}(t, \Delta_{121}^{(4)})$
IF S(培训程度)变化率= $\Delta_{122}^{(4)}$	THEN S(知识因素)在时间点 t 的趋势值为 $S_{12}^{(3)}(t, \Delta_{122}^{(4)})$
	AND S(从业人员)在时间点 t 的趋势值为 $S_1^{(2)}(t, \Delta_{122}^{(4)})$
	AND S(装配式建筑施工)在时间点 t 的趋势值为 $S^{(1)}(t, \Delta_{122}^{(4)})$
IF S(执业资格)变化率= $\Delta_{131}^{(4)}$	THEN S(能力因素)在时间点 t 的趋势值为 $S_{13}^{(3)}(t, \Delta_{131}^{(4)})$
	AND S(从业人员)在时间点 t 的趋势值为 $S_1^{(2)}(t, \Delta_{131}^{(4)})$
	AND S(装配式建筑施工)在时间点 t 的趋势值为 $S^{(1)}(t, \Delta_{131}^{(4)})$
IF S(操作技能)变化率= $\Delta_{132}^{(4)}$	THEN S(能力因素)在时间点 t 的趋势值为 $S_{13}^{(3)}(t, \Delta_{132}^{(4)})$
	AND S(从业人员)在时间点 t 的趋势值为 $S_1^{(2)}(t, \Delta_{132}^{(4)})$
	AND S(装配式建筑施工)在时间点 t 的趋势值为 $S^{(1)}(t, \Delta_{132}^{(4)})$

表3.2-6(续)

规则前提	规则结论
IF S(施工经验)变化率= $\Delta_{133}^{(4)}$	THEN S(能力因素)在时间点 t 的趋势值 $S_{13}^{(3)}(t, \Delta_{133}^{(4)})$ AND S(从业人员)在时间点 t 的趋势为 $S_1^{(2)}(t, \Delta_{133}^{(4)})$ AND S(装配式建筑施工)在时间点 t 的趋势值 $S^{(1)}(t, \Delta_{133}^{(4)})$
⋮	⋮
IF S(气温高低)变化率= $\Delta_{551}^{(4)}$	THEN S(自然环境)在时间点 t 的趋势值 $S_{55}^{(3)}(t, \Delta_{551}^{(4)})$ AND S(施工环境)在时间点 t 的趋势为 $S_5^{(2)}(t, \Delta_{551}^{(4)})$ AND S(装配式建筑施工)在时间点 t 的趋势值 $S^{(1)}(t, \Delta_{551}^{(4)})$
IF S(风力大小)变化率= $\Delta_{552}^{(4)}$	THEN S(自然环境)在时间点 t 的趋势值为 $S_{55}^{(3)}(t, \Delta_{552}^{(4)})$ AND S(施工环境)在时间点 t 的趋势值为 $S_5^{(2)}(t, \Delta_{552}^{(4)})$ AND S(装配式建筑施工)在时间点 t 的趋势值 $S^{(1)}(t, \Delta_{552}^{(4)})$
IF S(雨雪冰雹)变化率= $\Delta_{553}^{(4)}$	HEN S(自然环境)在时间点 t 的趋势值为 $S_{55}^{(3)}(t, \Delta_{553}^{(4)})$ AND S(施工环境)在时间点 t 的趋势值为 $S_5^{(2)}(t, \Delta_{553}^{(4)})$ AND S(装配式建筑施工)在时间点 t 的趋势值 $S^{(1)}(t, \Delta_{553}^{(4)})$
IF S(地质条件)变化率= $\Delta_{554}^{(4)}$	HEN S(自然环境)在时间点 t 的趋势值为 $S_{55}^{(3)}(t, \Delta_{554}^{(4)})$ AND S(施工环境)在时间点 t 的趋势值为 $S_5^{(2)}(t, \Delta_{554}^{(4)})$ AND S(装配式建筑施工)在时间点 t 的趋势值 $S^{(1)}(t, \Delta_{554}^{(4)})$

装配式建筑施工安全风险趋势性变动控制规则如表3.2-7所示。

表 3.2-7 装配式建筑施工安全风险趋势性变动控制规则

规则前提	规则结论
IF 要通过调整单元素实现 S(思想因素)在时间点 t 的趋势值为 $S_{11}^{(3)}(t, \Delta_{111}^{(4)}/\Delta_{112}^{(4)})$ AND S(从业人员)在时间点 t 的趋势为 $S_1^{(2)}(t, \Delta_{111}^{(4)}/\Delta_{112}^{(4)})$ AND S(装配式建筑施工)在时间点 t 的趋势值为 $S^{(1)}(t, \Delta_{111}^{(4)}/\Delta_{112}^{(4)})$	THEN 需将 S(安全意识)变化率调整为 $\Delta_{111}^{(4)}$ OR 需将 S(重视程度)变化率调整为 $\Delta_{112}^{(4)}$
IF 要通过调整单元素实现 S(知识因素)在时间点 t 的趋势值为 $S_{12}^{(3)}(t, \Delta_{121}^{(4)}/\Delta_{122}^{(4)})$ AND S(从业人员)在时间点 t 的趋势值为 $S_1^{(2)}(t, \Delta_{121}^{(4)}/\Delta_{122}^{(4)})$ AND S(装配式建筑施工)在时间点 t 的趋势值为 $S^{(1)}(t, \Delta_{121}^{(4)}/\Delta_{122}^{(4)})$	THEN 需将 S(教育程度)变化率调整为 $\Delta_{121}^{(4)}$ OR 需将 S(培训程度)变化率调整为 $\Delta_{122}^{(4)}$

表3.2-7(续)

规则前提	规则结论
IF 要通过调整单元素实现 S(能力因素)在时间点 t 的趋势值为 $S_{13}^{(3)}(t, \Delta_{131}^{(4)}/\Delta_{132}^{(4)}/\Delta_{133}^{(4)})$ AND S(从业人员)在时间点 t 的趋势值为 $S_1^{(2)}(t, \Delta_{131}^{(4)}/\Delta_{132}^{(4)}/\Delta_{133}^{(4)})$ AND S(装配式建筑施工)在时间点 t 的趋势值为 $S^{(1)}(t, \Delta_{131}^{(4)}/\Delta_{132}^{(4)}/\Delta_{133}^{(4)})$	THEN 需将 S(执业资格)变化率调整为 $\Delta_{131}^{(4)}$ OR 需将 S(操作技能)变化率调整为 $\Delta_{132}^{(4)}$ OR 需将 S(施工经验)变化率调整为 $\Delta_{133}^{(4)}$
IF 要通过调整单元素实现 S(生理因素)在时间点 t 的趋势值为 $S_{14}^{(3)}(t, \Delta_{141}^{(4)}/\Delta_{142}^{(4)}/\Delta_{143}^{(4)}/\Delta_{144}^{(4)}/\Delta_{145}^{(4)})$ AND S(从业人员)在时间点 t 的趋势值为 $S_1^{(2)}(t, \Delta_{141}^{(4)}/\Delta_{142}^{(4)}/\Delta_{143}^{(4)}/\Delta_{144}^{(4)}/\Delta_{145}^{(4)})$ AND S(装配式建筑施工)在时间点 t 的趋势值为 $S^{(1)}(t, \Delta_{141}^{(4)}/\Delta_{142}^{(4)}/\Delta_{143}^{(4)}/\Delta_{144}^{(4)}/\Delta_{145}^{(4)})$	THEN 需将 S(体能状况)变化率调整为 $\Delta_{141}^{(4)}$ OR 需将 S(精力状况)变化率调整为 $\Delta_{142}^{(4)}$ OR 需将 S(疲劳程度)变化率调整为 $\Delta_{143}^{(4)}$ OR 需将 S(年龄大小)变化率调整为 $\Delta_{144}^{(4)}$ OR 需将 S(健康程度)变化率调整为 $\Delta_{145}^{(4)}$
IF 要通过调整单元素实现 S(心理因素)在时间点 t 的趋势值为 $S_{15}^{(3)}(t, \Delta_{151}^{(4)}/\Delta_{152}^{(4)})$ AND S(从业人员)在时间点 t 的趋势值为 $S_1^{(2)}(t, \Delta_{151}^{(4)}/\Delta_{152}^{(4)})$ AND S(装配式建筑施工)在时间点 t 的趋势值为 $S^{(1)}(t, \Delta_{151}^{(4)}/\Delta_{152}^{(4)})$	THEN 需将 S(心理特征)变化率调整为 $\Delta_{151}^{(4)}$ OR 需将 S(情绪波动)变化率调整为 $\Delta_{152}^{(4)}$
⋮	⋮
IF 要通过调整单元素实现 S(自然环境)在时间点 t 的趋势值为 $S_{55}^{(3)}(t, \Delta_{551}^{(4)}/\Delta_{552}^{(4)}/\Delta_{553}^{(4)}/\Delta_{554}^{(4)})$ AND S(施工环境)在时间点 t 的趋势值为 $S_5^{(2)}(t, \Delta_{551}^{(4)}/\Delta_{552}^{(4)}/\Delta_{553}^{(4)}/\Delta_{554}^{(4)})$ AND S(装配式建筑施工)在时间点 t 的趋势值为 $S^{(1)}(t, \Delta_{551}^{(4)}/\Delta_{552}^{(4)}/\Delta_{553}^{(4)}/\Delta_{554}^{(4)})$	THEN 需将 S(气温高低)变化率调整为 $\Delta_{551}^{(4)}$ OR 需将 S(风力大小)变化率调整为 $\Delta_{552}^{(4)}$ OR 需将 S(雨雪冰雹)变化率调整为 $\Delta_{553}^{(4)}$ OR 需将 S(地质条件)变化率调整为 $\Delta_{554}^{(4)}$

第4章 装配式建筑施工安全风险诊控规则融合

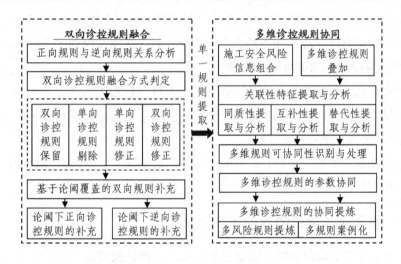 4.1 双向装配式建筑施工安全风险诊控规则融合

装配式建筑施工安全风险诊控规则融合的实现方案框架如图4.1-1所示，主要包括装配式建筑施工安全风险双向诊控规则融合与多维协同两方面。装配式建筑施工安全风险双向诊控规则融合是装配式建筑施工安全风险诊控规则融合的重要内容。

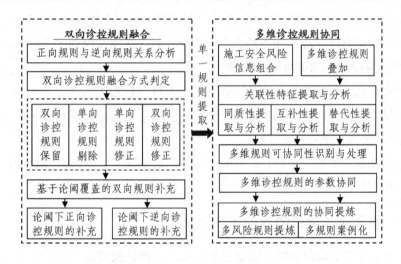

图4.1-1 装配式建筑施工安全风险诊控规则融合的实现方案框架

4.1.1 正向规则与逆向规则关系分析

将正向诊控规则与逆向诊控规则信息合并，分析二者之间的关系。通常情况下，正向诊控规则与逆向诊控规则之间存在如下几种关系。

（1）相对独立关系

正向诊控规则与逆向诊控规则之间相对独立，没有交叉，互不干扰。正向诊控规则与逆向诊控规则可以独立地发挥各自的作用。

（2）相互可容关系

正向诊控规则与逆向诊控规则之间存在着一定的关联关系，而且通过一定的调整或

取舍，可以实现二者的统一。

（3）相互矛盾关系

正向与逆向诊控规则之间存在着一定的关联关系，但是二者表达出的规则之间是矛盾的，难以同时存在，需要甄别，删去不合理的规则。

4.1.2　双向诊控规则融合方式判定

从狭义视角来看，双向诊控规则融合方式主要包括双向诊控规则保留、单向诊控规则剔除、单向诊控规则修正、双向诊控规则修正等。

双向诊控规则融合方式判定是在上述正向规则与逆向规则关系分析的基础上，确定双向诊控规则融合方式，具体如下。

（1）相对独立时的融合方式

当二者存在相对独立关系时，可以采用双向诊控规则保留方式，同时保存正向规则与逆向规则。

（2）相对可容且可单向调整时的融合方式

当二者存在相互可容关系，且通过单向诊控规则调整可以实现二者的统一时，采用单向诊控规则修正方式。对存在不足的正向诊控规则或逆向诊控规则进行修正。

（3）相对可容且无法单向调整时的融合方式

当二者存在相互可容关系，且通过单向诊控规则调整无法实现二者的统一时，采用双向诊控规则修正方式。对存在不足的正向诊控规则与逆向诊控规则分别进行修正。

（4）相互矛盾时的融合方式

当二者存在相互矛盾关系时，采用单向诊控规则剔除方式，删去不合理的正向诊控规则或逆向诊控规则，保留二者之一。

4.1.3　基于论阈覆盖的双向规则补充

从广义视角来看，双向诊控规则融合方式还应包括诊控规则的补充。当装配式建筑施工安全风险诊控规则不能覆盖论阈中的特定问题时，需要针对特定问题及时补充装配式建筑施工安全风险诊控规则。具体依据实际需要可以采取正向诊控规则补充，也可以采取逆向诊控规则补充。

4.2　多维装配式建筑施工安全风险诊控规则协同

通过上述双向装配式建筑施工安全风险诊控规则融合，实现了正向诊控规则与逆向诊控规则的统一，生成具有一致性的单一诊控规则。这里需要对具有关联性的各个单一诊控规则进行多维协同，实现各个单一诊控规则的案例化集成。

4.2.1　关联性特征提取与分析

针对上述经过双向融合后的各个单一装配式建筑施工安全风险诊控规则，对各类装配式建筑施工安全风险信息进行组合，实现多维施工安全风险诊控规则的叠加。在此基础上，从同质性、互补性与替代性三方面提取并分析各层级施工安全风险诊控规则间的关联性特征。

（1）同质性提取与分析

以表 4.2-1 为例，两个规则都是关于<生理因素>隐患判断的规则。若当规则 2 中阈值 $\theta^{(4)}$ 确定后，无论规则 1 中的权重系数 w1，w2，…，w5 取什么值，都满足规则 1，则规则 1 相对于规则 2 来说，就具有同质性。

表 4.2-1　同质性规则提取与分析举例

序号	规则前提	规则结论
1	IF w1 * S(体能状况)+w2 * S(精力状况)'+w3 * S(疲劳程度)+ w4 * S(年龄大小)+w5 * S(健康程度) $\leqslant \theta^{(3)} + \varepsilon_{14}^{(3)}$	THEN 可能出现<生理因素>隐患
2	IF T(S(体能状况) $\leqslant \theta^{(4)}$)+T(S(精力状况) $\leqslant \theta^{(4)}$)+T(S(疲劳程度) $\leqslant \theta^{(4)}$)+T(S(年龄大小) $\leqslant \theta^{(4)}$)+T(S(健康程度) $\leqslant \theta^{(4)}$) $\geqslant 3$	THEN 可能出现<生理因素>隐患

（2）互补性提取与分析

以表 4.2-2 为例，5 个规则都是关于<生理因素>隐患判断的规则。只要满足其中的一条都可能出现<生理因素>隐患。而每一条规则描述的规则前提相对都不够完整，各条规则具有典型的互补性。

表 4.2-2　互补性规则提取与分析举例

规则前提	规则结论
IF S(体能状况) $\leqslant \theta_{141}^{(4)}$	THEN 可能出现<生理因素>隐患
IF S(精力状况) $\leqslant \theta_{142}^{(4)}$	THEN 可能出现<生理因素>隐患
IF S(疲劳程度) $\leqslant \theta_{143}^{(4)}$	THEN 可能出现<生理因素>隐患
IF S(年龄大小) $\leqslant \theta_{144}^{(4)}$	THEN 可能出现<生理因素>隐患
IF S(健康程度) $\leqslant \theta_{145}^{(4)}$	THEN 可能出现<生理因素>隐患

（3）替代性提取与分析

以表 4.2-3 为例，3 个规则都涉及 S(施工对象)和 S(装配式建筑施工)在时间点 t 的趋势值。如果 3 个规则的前提条件同时发生，需要将 3 个规则加以整合协同。而规则结论除需要组合之外，还需要加以替代，特别是参数值需要加以替代。

表 4.2-3　替代性规则提取与分析举例

序号	规则前提	规则结论
1	IF S(构件质量)变化率 = $\Delta_{211}^{(4)}$	THEN S(预制构件)在时间点 t 的趋势值为 $S_{21}^{(3)}(t, \Delta_{211}^{(4)})$
		AND S(施工对象)在时间点 t 的趋势值为 $S_2^{(2)}(t, \Delta_{211}^{(4)})$
		AND S(装配式建筑施工)在时间点 t 的趋势值为 $S^{(1)}(t, \Delta_{211}^{(4)})$
2	IF S(构件安装难度)变化率 = $\Delta_{212}^{(4)}$	THEN S(预制构件)在时间点 t 的趋势值为 $S_{21}^{(3)}(t, \Delta_{212}^{(4)})$
		AND S(施工对象)在时间点 t 的趋势值为 $S_2^{(2)}(t, \Delta_{212}^{(4)})$
		AND S(装配式建筑施工)在时间点 t 的趋势值为 $S^{(1)}(t, \Delta_{212}^{(4)})$
3	IF S(构件新奇特度)变化率 = $\Delta_{213}^{(4)}$	THEN S(预制构件)在时间点 t 的趋势值为 $S_{21}^{(3)}(t, \Delta_{213}^{(4)})$
		AND S(施工对象)在时间点 t 的趋势值为 $S_2^{(2)}(t, \Delta_{213}^{(4)})$
		AND S(装配式建筑施工)在时间点 t 的趋势值为 $S^{(1)}(t, \Delta_{213}^{(4)})$

4.2.2　多维规则可协同性识别与处理

在上述关联性特征提取与分析的基础上,实现多维诊控规则可协同性的识别,分情况加以处理,即依据可协同程度对规则集中的各个规则进行剔除、调整、组合等协同处理。

(1)诊控规则剔除

通常,针对同质性规则的处理,可以采用诊控规则剔除处理方式。例如表 4.2-1 中,规则 1 相对于规则 2 来说具有同质性。此时,可以剔除掉规则 1,只保留规则 2 即可,见表 4.2-4。

表 4.2-4　诊控规则剔除举例

规则前提	规则结论
IF T(S(体能状况) ≤ $\theta^{(4)}$) + T(S(精力状况) ≤ $\theta^{(4)}$) + T(S(疲劳程度) ≤ $\theta^{(4)}$) + T(S(年龄大小) ≤ $\theta^{(4)}$) + T(S(健康程度) ≤ $\theta^{(4)}$) ≥ 3	THEN 可能出现 <生理因素> 隐患

(2)诊控规则组合

通常,针对互补性规则的处理可以采用诊控规则组合处理方式。例如,可以将表 4.2-2 中 5 个具有互补性的规则进行组合,见表 4.2-5。

表 4.2-5　诊控规则组合举例

规则前提	规则结论
IF S(体能状况) ≤ $\theta_{141}^{(4)}$ OR S(精力状况) ≤ $\theta_{142}^{(4)}$ OR S(疲劳程度) ≤ $\theta_{143}^{(4)}$ OR S(年龄大小) ≤ $\theta_{144}^{(4)}$ OR IF S(健康程度) ≤ $\theta_{145}^{(4)}$	THEN 可能出现 <生理因素> 隐患

（3）诊控规则调整

通常，针对替代性规则的处理可以采用诊控规则调整处理方式。例如，表 4.2-3 中 3 个规则可以整合，整合后的规则除了采用上述的规则组合，还应用了规则调整，特别是参数调整，见表 4.2-6。

表 4.2-6　诊控规则调整举例

规则前提	规则结论
IF S(构件质量)变化率 = $\Delta_{211}^{(4)}$ AND S(构件安装难度)变化率 = $\Delta_{212}^{(4)}$ AND S(构件新奇特度)变化率 = $\Delta_{213}^{(4)}$	THEN S(预制构件)在时间点 t 的趋势值为 $S_{21}^{(3)}(t, \Delta_{211}^{(4)}, \Delta_{212}^{(4)}, \Delta_{213}^{(4)})$ AND S(施工对象)在时间点 t 的趋势值为 $S_2^{(2)}(t, \Delta_{211}^{(4)}, \Delta_{212}^{(4)}, \Delta_{213}^{(4)})$ AND S(装配式建筑施工)在时间点 t 的趋势值为 $S^{(1)}(t, \Delta_{211}^{(4)}, \Delta_{212}^{(4)}, \Delta_{213}^{(4)})$

4.2.3　多维诊控规则的参数协同

针对上述多维规则可协同性处理，实现多维诊控规则的定量参数协同。定量参数协同依据具体情况，采用适合的方法加以实现。例如，表 4.2-6 中，$S_{21}^{(3)}(t, \Delta_{211}^{(4)}, \Delta_{212}^{(4)}, \Delta_{213}^{(4)})$，$S_2^{(2)}(t, \Delta_{211}^{(4)}, \Delta_{212}^{(4)}, \Delta_{213}^{(4)})$，$S^{(1)}(t, \Delta_{211}^{(4)}, \Delta_{212}^{(4)}, \Delta_{213}^{(4)})$ 这 3 个参数值的协同，需要借助动力学系统进行仿真重新得出，作为整合后新规则的新参数。

4.2.4　多维诊控规则的协同提炼

在此基础上，将上述整合后的多维诊控规则进行协同提炼。一方面提炼出多风险协同诊控规则，另一方面实现多维诊控规则的集成案例化。

（1）多风险协同诊控规则

从纵向视角来看，从装配式建筑施工多风险组合角度出发，利用上述多维规则协同性处理与参数协同方法，将相关规则进行纵向整合，提炼出多风险协同诊控规则。

（2）多维诊控规则的集成案例化

从横向视角来看，从案例的组成结构角度出发，利用上述多维规则协同性处理与参数协同方法，将相关规则横向连接，实现多维诊控规则的案例集成，即生成 E-CBR 的案例。

第5章 定制化装配式建筑施工安全
风险诊控方案优化

5.1 交互机制信息处理

定制化装配式建筑施工安全风险诊控方案优化实现方案框架如图5.1-1所示,主要包括交互机制信息处理与诊控方案集成优化两方面的实现方案。交互机制信息处理是定制化装配式建筑施工安全风险诊控方案优化的重要组成部分。

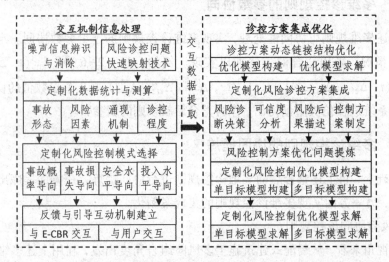

图5.1-1 定制化装配式建筑施工安全风险诊控方案优化实现方案框架

5.1.1 交互机制信息的预处理

采用人机交互(HCI)方式,实现基于诊控规则的噪声信息辨识与消除方法,实现基于E-CBR的装配式建筑施工安全风险诊控问题的快速映射技术。

(1)噪声信息辨识与消除

装配式建筑施工安全风险诊控的信息采集,特别是最底层因素(风险元素)的信息与数据采集,工作量很大。为确保大量信息与数据采集的质量与有效性,需要采用噪声信息辨识与消除技术加以控制。噪声信息辨识主要通过设置数值窗口、逻辑校验等方式加以实现。

第一,设置数值窗口。针对上述各个风险元素的安全水平评价所需采集的基本数据设置数值窗口，当输入数据超出数值窗口的上限或下限值时，则发出输入数据为非法数据的提醒。例如，从业人员特征中"年龄大小"的数值，一般在[16，65]的范围内，如果输入 14 岁、71 岁等则为非法数据。再如，施工环境风险特征中"气温高低"的数值，一般在[-40，50]的范围内，如果输入-50 摄氏度、60 摄氏度等则为非法数据。

第二，设置自动逻辑校验。针对上述各个风险元素的安全水平评价所需采集的基本数据设置自动逻辑校验关系。例如，从业人员特征中"年龄大小"的数值与"教育程度""施工经验"之间存在内在的逻辑关系。因此，可以设置"IF 年龄大小<20 THEN 教育程度为大学本科以下""IF 年龄大小<18 THEN 施工经验为经验丰富以下"的逻辑控制关系。此时，当输入"年龄大小=16，教育程度=研究生"则为非法数据，当输入"年龄大小=16，施工经验=非常丰富"则为非法数据。

噪声信息的消除可以通过人机交互(HCI)方式加以实现，最简单的做法是当检测出非法数据时，要求重新录入数据。

(2)风险诊控问题的快速映射技术

由于系统运行时每次所需采集的信息较多，无疑会影响系统运行的效率与快速反应。为此，需要实现风险诊控问题快速映射技术。主要包括如下环节：

第一，基础数据的默认值设置。对于装配式建筑施工安全风险诊控所需采集的信息项，事先依据大量调研数据统计分析，针对各级、各个风险因素的安全水平分别设置高、中、低三个档次的默认值。系统操作人员可以通过简单的选择操作得到与当前项目状态大体符合的基础数据的默认值。

第二，部分数据的自动采集技术。为提高数据采集的效率，对于部分可以通过自动采集技术来实现的数据，可以进行自动采集。例如，使系统与政府搭建的"建筑从业人员实名制管理系统"进行数据共享，直接获取有关"从业人员"的基本信息。再如，使系统与第三方检测机构信息管理系统进行数据共享，直接获取有关"预制构件质量""水暖材料质量""电气材料质量""相关配件质量""辅助材料质量"等方面的基本信息。

第三，同等功效"剪树枝"技术。本着重要性原则，为大幅度提高数据采集的效率，采用同等功效"剪树枝"技术。采用从上至下风险水平确认机制，若系统操作人员对某一级的某个风险因素的安全水平的默认值非常认同，可以忽略该风险因素值及其以下各级具体风险因素的确认与输入。主要针对重点的风险因素及其以下各级具体风险因素进行确认与输入。

第四，局部数据的动态调整技术。在上面三种技术实施的基础上，针对有必要进行逐项录入的数据项，在部分数据自动采集后，在基础数据的默认值的基础上，进行必要的各项数据的输入。

5.1.2 定制化数据统计与测算

基于数理统计，围绕事故形态、风险因素、涌现机制、诊控程度等定制化角度，实现装配式建筑施工安全风险诊控方案定制化数据统计与测算，有助于为系统操作人员提供定制化的信息输入选项推荐提供支持，提升系统应用操作的快捷性、方便性与人性化程度。

5.1.3 定制化风险控制模式选择

在装配式建筑施工安全风险控制方案制定中，需要针对具体定量优化问题建立具体风险控制优化模型。定制化风险控制模式选择为具体风险控制优化模型的建立提供基本的出发点导向。

在进行装配式建筑施工安全风险控制时，除了事故概率导向、事故损失导向、安全水平导向、投入适宜度导向之外，还包括作业风险导向、模糊突变安全隶属度导向、人员风险控制导向、质量保证导向、风险相关性导向等。

5.1.4 反馈与引导互动机制建立

（1）与E-CBR交互机制

E-CBR利用其内在的基于涌现机制的案例推理功能，为装配式建筑施工安全风险诊控提供定制化的诊控方案推荐。同时，各类装配式建筑施工安全风险要素信息、装配式建筑施工安全风险诊控规则、定制化风险控制模式选择信息等传递到E-CBR中，为E-CBR当前项目安全风险状态获取、风险诊控案例调整与存储等提供必要的信息。

（2）与用户交互机制

系统操作人员进行装配式建筑施工安全风险诊控所需相关信息录入、填报，并对系统提出的装配式建筑施工安全风险诊控方案进行评价、决策。系统向系统操作人员提出信息录入、填报、决策请求，并提供装配式建筑施工安全风险诊控方案等信息。

5.2 诊控方案集成优化

5.2.1 诊控方案动态链接结构优化

（1）优化问题描述

页面链接结构优化问题的优化目标需要考虑：链接效率最高，即平均访问路径深度最小化；所有链路的页面关联度均值越大越好；主页直接链接到的页面的信息重要程度越大越好。

页面链接结构优化问题需考虑如下几个约束条件：第一，某些页面链接层次的优先级别、从属关系的限制；第二，符合页面内容关联性，每两个直接链接的页面的关联度大于一定阈值；第三，页面重要性约束，如前三层次页面节点的重要度均值大于一定的阈值；第四，避免用户的信息超载，是指限制页面的链接数，即有向图中节点的出度数，因为一个页面具有太多的链接对用户可能造成信息超载，当然针对不同的页面其链接数目可以不同；第五，访问路径深度，即图的深度，是指在网站结构图中寻找最短路径子图，它包含了从主页到每个页面的最短距离，根据访问网站的实际需求缩短结构图的深度，目的是减少访问者访问某一个页面的路径长度；第六，每个页面节点至少有一条路径链接到主页，即每个页面节点都至少在其上一级层次页面节点中找到一个页面节点与其链接；第七，链入各个页面节点的页面节点数量受限，防止两个页面节点间多重链接数量过多。

（2）诊控方案动态链接结构优化模型建立

变量与符号设定具体如下：

$$x_{ij} = \begin{cases} 1 & \text{网页 } i \text{ 节点与网页节点 } j \text{ 间存在直接链接} \\ 0 & \text{其他} \end{cases}$$ ；r_{ij} 表示页面节点 i 与页面节点 j 间的关联度；r_0 表示页面节点间的关联度阈值；e_{ij} 表示页面节点 i 与页面节点 j 所构成的有向弧；E_L 表示页面节点间所构成的具有典型从属关系链接层次的有向弧集；s_i 表示页面节点 i 的信息重要程度；s_0 表示前三层次页面节点的重要度均值的阈值；l_i 表示页面节点 i 在网络结构有向图中所处的层数；l_0 表示页面节点 i 在网络结构有向图中所处的层数的阈值，即主页到每个页面的最短距离；L_l 表示处于第 l 层的页面链接节点的集合；g_0 表示由页面节点向外链出的页面节点的数量阈值；c_0 表示链入页面节点 i 的页面节点的数量阈值；N 表示网站内页面节点的总数量；N_i 表示网站内链接层次 i 中页面节点的总数量。

页面链接结构优化模型的建立具体如下：

$$\min f_1 = \sum_{i=1}^{N} l_i \bigg/ N \tag{5.2-1}$$

$$\max f_2 = \sum_{i=1}^{N} \sum_{j=1}^{N} x_{ij} r_{ij} \tag{5.2-2}$$

$$\max f_3 = \sum_{i=2}^{N} x_{1i} s_i \tag{5.2-3}$$

$$\text{s.t.} \quad l_i < l_j, \ e_{ij} \in E_L \tag{5.2-4}$$

$$r_{ij} \geqslant r_0 - M(1 - x_{ij}) \quad M = +\infty \tag{5.2-5}$$

$$\sum_{l_i=1}^{3} s_i \bigg/ \sum_{i=1}^{3} N_i \geqslant s_0 \tag{5.2-6}$$

$$\sum_{j=1}^{N} x_{ij} \leqslant g_0 \quad i = 1, 2, \cdots, N \tag{5.2-7}$$

$$l_i \leqslant l_0 \tag{5.2-8}$$

$$\sum_{i \in L_{j-1}} x_{ij} \geqslant 1 \quad j = 1, 2, \cdots, N \tag{5.2-9}$$

$$\sum_{i=1}^{N} x_{ij} \leqslant c_0 \quad j = 1, 2, \cdots, N \tag{5.2-10}$$

$$x_{ij} = 0 \text{ 或 } 1 \tag{5.2-11}$$

（3）诊控方案动态链接结构优化模型转换

对目标函数采用乘除法进行集成，如式（5.2-12）所示。

$$\min f = \left(\sum_{i=1}^{N} l_i / N \right) \bigg/ \left(\sum_{i=1}^{N} \sum_{j=1}^{N} x_{ij} r_{ij} \sum_{i=2}^{N} x_{1i} s_i \right) \tag{5.2-12}$$

考虑到式（5.2-4）、式（5.2-7）与式（5.2-10）所表达的两个约束为编码带来的困难，将两者加入到目标函数中去，由此，原来的页面链接结构优化模型可以转化为：

$$\min f = \left(\sum_{i=1}^{N} l_i / N \right) \bigg/ \left(\sum_{i=1}^{N} \sum_{j=1}^{N} x_{ij} r_{ij} \sum_{i=2}^{N} x_{1i} s_i \right) + M \left\{ \prod_{e_{ij} \in E_L} \left[\mathrm{sgn}(l_i - l_j) + 1 \right] \right\} +$$

$$M \left\{ \prod_{i=1}^{N} \left[\mathrm{sgn} \left(\sum_{j=1}^{N} x_{ij} - g_0 - 1 \right) + 1 \right] \right\} + M \left\{ \prod_{j=1}^{N} \left[\mathrm{sgn} \left(\sum_{i=1}^{N} x_{ij} - c_0 - 1 \right) + 1 \right] \right\} \tag{5.2-13}$$

$$\text{s.t.} \quad r_{ij} \geqslant r_0 - M(1 - x_{ij}) \tag{5.2-14}$$

$$\sum_{l_i=1}^{3} s_i \bigg/ \sum_{i=1}^{3} N_i \geqslant s_0 \tag{5.2-15}$$

$$l_i \leqslant l_0 \tag{5.2-16}$$

$$\sum_{i \in L_{j-1}} x_{ij} \geqslant 1 \quad j = 1, 2, \cdots, N \tag{5.2-17}$$

$$x_{ij} = 0 \text{ 或 } 1 \tag{5.2-18}$$

其中，$M = +\infty$，$\mathrm{sgn}(x) = \begin{cases} 1 & x > 0 \\ 0 & x = 0 \\ -1 & x < 0 \end{cases}$。

（4）诊控方案动态链接结构优化模型求解

利用 AIA 算法，对诊控方案动态链接结构优化模型求解，具体如下：

抗体采用二维编码，如式（5.2-19）所示，其中，$x_j^{(l)}$ 表示在页面链接结构中的第 l 个层次中第 j 个位置所对应的页面节点编号。

$$\begin{bmatrix} x_1^{(2)} & x_2^{(2)} & \cdots & x_n^{(2)} \\ x_1^{(3)} & x_2^{(3)} & \cdots & x_n^{(3)} \\ \vdots & \vdots & & \vdots \\ x_1^{(m)} & x_2^{(m)} & \cdots & x_n^{(m)} \end{bmatrix} \tag{5.2-19}$$

其中 $m = l_0 - 1$，为了确定 n，假定页面链接结构基本上为金字塔形状，即通常第 $l + 1$ 层的页面节点个数高于第 l 层的页面节点个数，考虑到除了第 1 层主页之外每一层页面节点数量的平均值为 $\dfrac{N - 1}{l_0 - 1}$，将每层页面节点数的变动幅度定为 $\Delta = \dfrac{N - 1}{2(l_0 - 1)}$。

第 1 层为主页，页面节点编号为 1。考虑到页面节点的链出数量阈值 g_0，第 2 层页面节点的最大数量为 g_0，最小数量为 $\max\{2, \text{int}(g_0 - \Delta)\}$，其中，$\text{int}(\ )$ 表示取整函数。第 3 层页面节点数量为 N_3，则通过式(5.2-20)可以推算出 N_3 的中位数近似值。

$$N_3 + (N_3 + 1) + \cdots + (N_3 + l_0 - 1) = N - 1 - g_0 \qquad (5.2\text{-}20)$$

据此，得出各层页面节点数量的区间，如式(5.2-21)所示，其中，$\underline{N_l}$ 为第 l 层页面节点数量的下限，$\overline{N_l}$ 为第 l 层页面节点数量的上限。

$$[\underline{N_l},\ \overline{N_l}] = [N_3 + (l - 3) - \Delta,\ N_3 + (l - 3) + \Delta] \qquad l = 3, 4, \cdots, l_0$$

$$(5.2\text{-}21)$$

在页面节点链接结构中，由于页面节点的链入与链出的页面节点数量受到相应的阈值限制，任意两个页面节点间的多重链路的数量是有限的。同时，页面节点链接结构的链接关系最多的一层的链接数量决定了编码的列维数 n 的大小。由上述分析，可取 $n = c_0 \overline{N_{l_0}}$。

若页面节点总数 $N = 28$，向外链出页面节点数量阈值 $g_0 = 4$，页面节点的层数的阈值 $l_0 = 5$，页面节点的链入节点数阈值 $c_0 = 3$，按上述方法可以确定，$[\underline{N_2},\ \overline{N_2}] = [2, 4]$，$[\underline{N_3},\ \overline{N_3}] = [4, 10]$，$[\underline{N_4},\ \overline{N_4}] = [5, 11]$，$[\underline{N_5},\ \overline{N_5}] = [6, 12]$，$n = 3 \times 12 = 36$。

若采用 0-1 编码机制，维数为 $N \times N$（上例中为 $28 \times 28 = 784$）。采用笔者所提出的编码方式，维数为 $m \times n = (l_0 - 1) \times c_0 \overline{N_{l_0}}$（上例中为 $4 \times 36 = 144$），随着页面数量规模的增加，此种编码方式有助于降低编码的维数。

编码随机生成过程具体如下：

步骤 1：随机生成各行节点的个数 N_l（$l = 2, \cdots, l_0$）$\in [\underline{N_l},\ \overline{N_l}]$，且满足 $\sum\limits_{l=2}^{l_0} N_l = N - 1$，令页面链接层次 $l = 2$。

步骤 2：从关联度 $r_{lj} \geqslant r_0$（$j = 1, 2, \cdots, N$，$r_0 = 0.4$）且未被选过的页面节点中，以及编号为 0 的页面节点（对应超链接路径）中，运用随机发生器生成 $N_l + 1$（含编号为 0 的节点）个第 l 层次页面节点编号 j 及其在第 l 行的彼此不重叠的随机位置，并将第 l 行任何两个已确定编号之间的空格都填写前一编号或 0。

步骤 3：若 $l < l_0$，$l = l + 1$，到步骤 2，否则到步骤 4。

步骤 4：若某列数值都为 0，则删去该列。

步骤 5：若某列与其前面的列完全相同，则删去该列。

步骤 6：若某列最后几位为 0，且能找到与其前几个位置数值完全相同的其他列，则删去该列。

在上述编码技术方案实施的基础上，应用前面介绍的 AIA 算法，即可求出最优解。

5.2.2 定制化风险诊控方案集成

对装配式建筑施工安全风险诊控方案中的风险诊断决策、诊断决策可信度、风险后果描述与风险控制方案分别进行效力分析。

（1）风险诊断决策

装配式建筑施工安全风险诊断决策是针对当前施工项目施工安全风险的事故形态（施工安全风险元素隐患、施工安全风险元组隐患、施工安全风险征兆、施工轻微事故、施工一般事故和施工严重事故）所进行的决策。具体以风险决策列表的方式来表达。

（2）诊断决策可信度

为了更为科学地描述装配式建筑施工安全风险的事故形态，针对风险诊断决策对装配式建筑施工安全风险的事故形态做出决策，需要分析相应决策的可信度。具体以诊断决策可信度列表的方式来表达。

（3）风险后果描述

为了对装配式建筑施工安全风险的不同事故形态所对应风险后果有更明确的认识，需要对每一级别、每一种事故形态附加具体的风险后果描述，令系统操作人员对不同级别、不同种类事故形态的后果有更为直观、更为深刻的理解。

（4）风险控制方案

装配式建筑施工安全风险控制方案是针对各种风险情形所制定的控制方案。具体包括两个方面的主要内容：一是针对各种风险的应对措施；二是针对各种风险应对措施具体实施中的定量优化模型。

5.2.3 风险控制方案优化问题提炼

风险控制方案优化问题提炼与前面的定制化风险控制模式选择有着密切的关联性。不同类型的定制化风险控制模式决定了不同类型的风险控制方案优化问题。关于装配式建筑施工安全风险控制优化问题，除了事故损失导向类优化问题、安全水平导向类优化问题、投入适宜度导向类优化问题之外，还包括其他控制导向类优化问题。例如，作业风险导向类优化问题、模糊突变安全隶属度导向类优化问题、人员风险控制导向类优化问题、质量保证导向类优化问题、风险相关性导向类优化问题等。

针对上述各类风险控制方案优化问题的优化模型的建立与求解，详见下一章的内容。

第6章 定制化施工安全风险控制优化模型

6.1 事故概率导向类施工安全风险控制优化模型

6.1.1 优化模型建立基本准备

(1) 事故树分析

采用最小割集法，设某事故树有 k 个最小割集 E_1，E_2，$\cdots$，E_r，$\cdots$，E_k，则有 $T = \bigcup\limits_{r=1}^{k} E_r$，顶上事件发生的概率为 $P(T) = P\{\bigcup\limits_{r=1}^{k} E_r\}$，化简，得顶上事件概率为：

$$P(T) = \sum_{r=1}^{k} \prod_{X_i \in E_r} p_i - \sum_{1 \leqslant s \leqslant r \leqslant k} \prod_{X_i \in E_r \cup E_s} p_i + \cdots + (-1)^{k-1} \prod_{\substack{r=1 \\ X_i \in E_1 \cup E_2 \cdots \cup E_r \cdots \cup E_k}}^{k} p_i \quad (6.1\text{-}1)$$

式(6.1-1)中：r，s，k 为最小割集的序号；i 为基本事件的序号；$X_i \in E_r$ 为第 r 个最小割集的第 i 个基本事件；$X_i \in E_r \cup E_s$ 为第 r 个或第 s 个最小割集的第 i 个基本事件；p_i 为各基本事件 X_i 发生的概率。

(2) 事故损失模型的建立

引入柯布-道格拉斯(Cobb-Douglas)生产函数，测算损失性安全投入(事故损失)，并建立计量模型 $Y = A c_e^{a_e} c_t^{a_t} c_h^{a_h} c_l^{a_l} c_r^{a_r}$，其中，$Y$ 为事故损失；c_e 为安全教育类投入；c_t 为安全技术措施类投入；c_h 为建筑施工卫生措施类投入；c_l 为劳保用品类投入；c_r 为日常安全管理类投入；a_e，a_t，a_h，a_l，a_r 为各类安全投入弹性系数；A 为施工技术发展系数。

6.1.2 优化模型的具体建立

(1) 目标函数的分析

按照事故树定量计算的相关定义，结合式(6.1-1)中 p_i 为各基本事件 X_i 发生的概率，可得装配式建筑施工安全事故树顶上事件 T 发生的概率为：

$$P(T) = \sum_{r=1}^{k} \prod_{X_i \in E_r} p_i - \sum_{1 \leqslant s \leqslant r \leqslant k} \prod_{X_i \in E_r \cup E_s} p_i + \cdots + (-1)^{k-1} \prod_{\substack{r=1 \\ X_i \in E_1 \cup E_2 \cdots \cup E_r \cdots \cup E_k}}^{k} p_i \quad (6.1\text{-}2)$$

因为装配式建筑施工安全事故树中各基本事件的发生概率与安全投入呈负相关对

应,且随着安全投入的增加,顶上事件发生概率随之减小,且当二者之一趋于 0 时,另一项为无穷大。上述关系特点与生产函数曲线(龚伯兹曲线)(当 $0 < a_i < 1$,$b_i > 1$ 时)的趋势相一致。可借助该曲线描述基本事件发生概率与安全投入之间的函数关系。故可以利用龚伯兹曲线拟合基本事件发生概率 p_i 与其对应的预防各项关键风险因素所需具体安全投入 c_i 之间的关系,得式(6.1-3):

$$p_i = K_i a_i^{b_i^{c_i}} \text{ 且 } 0 < p_i < 1 \tag{6.1-3}$$

式(6.1-3)中,$i = 1, 2, \cdots, n$,K_i,a_i,b_i 均为参数,且有 $0 < a_i < 1$,$b_i > 1$,参数值依赖以往装配式建筑安全事故统计数据利用曲线拟合加以确定。

式(6.1-3)代入式(6.1-2),可得式(6.1-4):

$$P(T) = \sum_{r=1}^{k} \prod_{X_i \in E_r} K_i a_i^{b_i^{c_i}} - \sum_{1 \leqslant s \leqslant r \leqslant k} \prod_{X_i \in E_r \cup E_s} K_i a_i^{b_i^{c_i}} + \cdots + (-1)^{k-1} \prod_{\substack{r=1 \\ X_i \in E_1 \cup E_2 \cdots \cup E_r \cdots \cup E_k}}^{k} K_i a_i^{b_i^{c_i}}$$

$$\tag{6.1-4}$$

借助目标规划的思想,寻求最优化的安全投入分配方式,从而使项目风险度最低,即事故树顶上事件发生概率最小,所以该模型目标函数为 $\min P$。

(2)约束条件的分析

为保证装配式建筑项目的安全施工,预防性安全投入总额需限定在安全区间 $[M, N]$ 内,故根据此约束条件有:$M \leqslant \sum_{i=1}^{n} c_i \leqslant N$。从建筑企业自身利益出发,事故损失需尽可能小,即对于损失性安全投入需设定上限值,此处假设上限值为 R,则有 $A c_e^{a_e} - c_t^{a_t} - c_h^{a_h} - c_1^{a_1} - c_r^{a_r} \leqslant R$。此外,根据 GB 50656—2011《施工企业安全生产管理规范》并结合我国装配式建筑安全事故发生特点,要求企业在实际决策过程中分配额需有侧重,即各类别安全总投入之间存在一个排序,记为 $c_e \leqslant c_h \leqslant c_r \leqslant c_1 \leqslant c_t$。结合实际情况,建筑施工安全技术措施经费由地方政府规定,即相应的安全技术措施经费需设定取值下限,有 $c_t \geqslant T$,$c_1 \geqslant L$,$c_r \geqslant S$。其中,T,L,S 为各地方政府规定的相应安全技术措施经费取值下限。

(3)优化模型的整理

综上所述,以 $\min P$ 为目标函数,建立如下非线性规划数学模型:

$$\min P = \sum_{r=1}^{k} \prod_{X_i \in E_r} K_i a_i^{b_i^{c_i}} - \sum_{1 \leqslant s \leqslant r \leqslant k} \prod_{X_i \in E_r \cup E_s} K_i a_i^{b_i^{c_i}} + \cdots + (-1)^{k-1} \prod_{\substack{r=1 \\ X_i \in E_1 \cup E_2 \cdots \cup E_r \cdots \cup E_k}}^{k} K_i a_i^{b_i^{c_i}}$$

$$\tag{6.1-5}$$

$$\text{s.t.} \quad M \leqslant \sum_{i=1}^{n} c_i \leqslant N \quad i = 1, 2, \cdots, n \tag{6.1-6}$$

$$A \left(\sum_{i=1}^{n_1} c_i \right)^{a_e} \left(\sum_{i=n_1+1}^{n_2} c_i \right)^{a_t} \left(\sum_{i=n_2+1}^{n_3} c_i \right)^{a_h} \left(\sum_{i=n_3+1}^{n_4} c_i \right)^{a_1} \left(\sum_{i=n_4+1}^{n_5} c_i \right)^{a_r} \leqslant R \tag{6.1-7}$$

$$\sum_{i=1}^{n_1} c_i \leqslant \sum_{i=n_2+1}^{n_3} c_i \leqslant \sum_{i=n_4+1}^{n_5} c_i \leqslant \sum_{i=n_3+1}^{n_4} c_i \leqslant \sum_{i=n_1+1}^{n_2} c_i \tag{6.1-8}$$

$$c_t \geqslant T, \ c_1 \geqslant L, \ c_r \geqslant S \tag{6.1-9}$$

其中：$c_1 + c_2 + \cdots + c_{n_1} = c_e$；$c_{n_1+1} + c_{n_1+2} + \cdots + c_{n_2} = c_t$；$c_{n_2+1} + c_{n_2+2} + \cdots + c_{n_3} = c_h$；$c_{n_3+1} + c_{n_3+2} + \cdots + c_{n_4} = c_1$；$c_{n_4+1} + c_{n_4+2} + \cdots + c_{n_4} = c_r$；$n_1$ 表示安全教育类投入；n_2 表示安全技术措施类投入；n_3 表示建筑施工卫生措施类投入；n_4 表示劳保用品类投入；n_5 表示日常安全管理类投入。

在实际运行中，借助 Lingo 软件求解模型，得各项预防基本事件发生的安全投入 c_i 的值，此时可以获得事故树顶上事件的最小发生概率，同时将各 c_i 值代入式(6.1-6)，以获取每个基本事件的发生概率。然后按类别将所求得的安全投入 c_i 分别归入前文所述 5 类安全投入中，即可求得最优安全投入分配方案。

6.1.3　优化模型应用与分析

北京市某建筑企业计划完成 6083 万元的装配式住宅建设项目，该企业近十年各项安全投入和事故损失 Y 的数据见表 6.1-1。

表 6.1-1　该企业安全投入和事故损失数据　　　　　　　　　单位：万元

年份	c_1	c_t	c_r	c_h	c_e	Y
2009	46.75	67.80	39.50	26.75	17.33	16.83
2010	47.69	65.50	39.22	27.69	16.29	9.33
2011	51.00	71.40	37.22	23.00	15.36	12.11
2012	47.31	69.24	39.61	27.20	14.49	7.16
2013	39.71	49.31	38.47	16.71	9.33	13.91
2014	54.27	77.50	39.18	19.18	11.98	10.31
2015	41.46	82.90	40.16	17.36	14.80	9.66
2016	52.63	86.71	40.48	19.78	14.84	10.90
2017	57.80	93.30	38.50	23.80	17.01	11.33
2018	49.27	88.22	38.54	25.27	16.00	8.21

该装配式建筑安全投入优化分配模型如下：

$$\min P = \sum_{r=1}^{5} \prod_{X_i \in E_r} K_i a_i^{b_i c_i} - \sum_{1 \leqslant s \leqslant r \leqslant 5} \prod_{X_i \in E_r \cup E_s} K_i a_i^{b_i c_i} + \cdots + (-1)^{k-1} \prod_{\substack{r=1 \\ X \in E_1 \cup E_2 \cdots \cup E_5}}^{5} K_i a_i^{b_i c_i}$$

$$\tag{6.1-10}$$

$$\text{s.t.} \quad 153.53 \leqslant \sum_{i=1}^{15} c_i \leqslant 230.41 \quad i = 1, 2, \cdots, 15 \tag{6.1-11}$$

$$49.367 \left(\sum_{i=1}^{3} c_i \right)^{-0.062} \left(\sum_{i=4}^{7} c_i \right)^{-0.624} \left(\sum_{i=8}^{9} c_i \right)^{-0.173} \left(\sum_{i=10}^{12} c_i \right)^{-0.091} \left(\sum_{i=13}^{15} c_i \right)^{-0.047} \leqslant 35.80$$

$$\tag{6.1-12}$$

$$\sum_{i=1}^{3} c_i \leqslant \sum_{i=8}^{9} c_i \leqslant \sum_{i=13}^{15} c_i \leqslant \sum_{i=10}^{12} c_i \leqslant \sum_{i=4}^{7} c_i \tag{6.1-13}$$

$$\sum_{i=4}^{7} c_i \geqslant 48.67, \quad \sum_{i=10}^{12} \geqslant 36.50, \quad \sum_{i=13}^{15} c_i \geqslant 36.50 \tag{6.1-14}$$

对模型求解,具体结果如表 6.1-2 所示。

表 6.1-2 安全投入计算结果及类别划分

代号 i	事件名称 X_i	K_i	a_i	b_i	$q_i/\%$	c_i/万元	安全投入类别	投入额/万元
1	风险意识淡薄	0.09	0.91	1.91	1.06	3.69	安全教育投入 c_e	11.64
2	安全知识欠缺	0.17	0.27	2.68	1.13	3.73		
3	偶然性失误	0.07	0.56	2.57	0.45	4.22		
4	脚手架搭设不合格	0.14	0.64	2.25	0.56	19.37	安全技术措施投入 c_t	66.87
5	机械设备检修维护不到位	0.05	0.43	1.29	0.97	17.98		
6	构件出厂质量不达标	0.07	0.79	1.97	0.39	13.79		
7	吊装设备操作失误或故障	0.05	0.55	1.56	1.18	15.73		
8	装配区域施工杂乱	0.07	0.79	1.82	0.39	0.93	建筑施工卫生措施投入 c_h	2.49
9	天气、照明情况恶劣	0.06	0.93	1.89	0.27	1.56		
10	安全防护设施已损坏	0.06	0.53	1.13	1.07	15.32	劳保用品投入 c_l	43.60
11	防火、电、水措施不严格	0.04	0.88	1.08	0.92	13.22		
12	未配备有效防护措施	0.05	0.34	5.01	0.61	15.06		
13	现场安全监理风险	0.05	0.65	1.73	0.76	11.07	日常安全管理投入 c_r	38.93
14	日常安全检查疏漏	0.03	0.88	1.92	0.79	13.36		
15	管理组织风险	0.05	0.55	1.67	0.92	14.50		

该装配式建筑施工安全事故发生的最小概率为 4.77%,计算如下:

$$\min P = \sum_{r=1}^{5} \prod_{X_i \in E_r} K_i a_i^{b_i c_i} - \sum_{1 \leqslant s \leqslant r \leqslant 5} \prod_{X_i \in E_r \cup E_s} K_i a_i^{b_i c_i} + \cdots + (-1)^{k-1} \prod_{\substack{r=1 \\ X \in E_1 \cup E_2 \cdots \cup E_5}}^{5} K_i a_i^{b_i c_i} = 4.77\%$$

$$\tag{6.1-15}$$

由该装配式建筑施工安全投入优化模型计算出的最优安全投入与企业原安全投入比较如表 6.1-3 所示。差额率在 10% 左右为微小变动,在实际工程安全投入过程中可做略微调整,但建筑施工卫生措施投入 74.13%、日常安全管理投入 57.17% 以及安全教育投入 58.80%,差额率较大。从计算结果看,安全教育投入、日常安全管理投入及建筑施工卫生措施投入在项目建设风险的控制方面发挥不可或缺的作用,但企业对其重要性认识不足导致对于此方面的投入较少,远远达不到实际的需求,说明管理者对于安全投入的决策缺乏科学性、高效性,需重新调整分配方式以达到最佳的降低事故发生概率的效果。

表 6.1-3　计算最佳安全投入与企业原投入比较

序号	安全投入项	计算费用额/万元	原费用额/万元	差额/万元	差额率/%
1	安全技术措施投入	66.87	65.02	1.85	2.85
2	安全教育投入	11.64	7.33	4.31	58.80
3	劳保用品投入	43.60	51.26	−7.66	−14.94
4	日常安全管理投入	38.93	24.77	14.16	57.17
5	建筑施工卫生措施投入	2.49	1.43	1.06	74.13

6.2　事故损失导向类施工安全风险控制优化模型

6.2.1　变量的说明

i：表示一级指标的序号；

m：表示一级指标的数量；

j：表示二级指标的序号；

n：表示二级指标的数量；

x_{ij}：表示第 i 个一级指标下第 j 个二级指标的安全投入率；

ψ_{ij}：表示第 i 个一级指标下第 j 个二级指标安全投入损失比的调整权重；

a_{ij}，b_{ij}，c_{ij}：表示安全投入损失比和安全投入率拟合函数的参数；

D_0：表示总安全投入率的上限；

d_{ij0}：表示单个安全投入率的下限；

d_{ij1}：表示单个安全投入率的上限；

D_i：表示一级指标安全投入资金额的上限；

H_{ij1}：表示单个安全事故损失比的上限；

ϕ_1：表示重要程度为前 25% 的一级指标；

ϕ_2：表示重要程度为前 35% 的二级指标。

6.2.2　优化模型的构建

$$\min Z = \sum_{i=1}^{m} \sum_{j=1}^{n} \psi_{ij} \frac{b_{ij}}{c_{ij} x_{ij} + a_{ij}} \tag{6.2-1}$$

$$\text{s.t.} \quad 0 \leqslant \sum_{i=1}^{m} \sum_{j=1}^{n} x_{ij} \leqslant D_0 \quad i = 1, 2, \cdots, m; j = 1, 2, \cdots, n \tag{6.2-2}$$

$$\sum_{j=1}^{n} x_{ij} \leqslant D_i \quad i = 1, 2, \cdots, m; j = 1, 2, \cdots, n \tag{6.2-3}$$

$$d_{ij0} \leqslant x_{ij} \leqslant d_{ij1} \quad i=1, 2, \cdots, m; j=1, 2, \cdots, n \tag{6.2-4}$$

$$0 \leqslant \frac{b_{ij}}{c_{ij} x_{ij} + a_{ij}} \leqslant H_{ij1} \quad i=1, 2, \cdots, m; j=1, 2, \cdots, n \tag{6.2-5}$$

$$\frac{b_{ij1}}{c_{ij1} \sum\limits_{i \in \phi_1} x_{ij} + a_{ij1}} \leqslant \frac{b_{ij0}}{c_{ij0} \sum\limits_{i=1}^{m} \sum\limits_{j=1}^{n} x_{ij} + a_{ij0}} \quad i=1, 2, \cdots, m; j=1, 2, \cdots, n; i \in \phi_1$$

$$\tag{6.2-6}$$

$$\frac{b_{ij}}{c_{ij} x_{ij} + a_{ij}} \leqslant \frac{b_{ij0}}{c_{ij0} \sum\limits_{i=1}^{m} \sum\limits_{j=1}^{n} x_{ij} + a_{ij0}} \quad i=1, 2, \cdots, m; j=1, 2, \cdots, n; ij \in \phi_2$$

$$\tag{6.2-7}$$

其中,目标函数表示加权后的安全投入损失比最小化。式(6.2-2)表示总的安全投入率的上限;式(6.2-3)表示一级指标的安全投入率的上限;式(6.2-4)表示每一个二级指标安全投入率的范围;式(6.2-5)表示每一个二级指标的事故损失比的范围;式(6.2-6)表示前25%的一级指标的事故损失比小于整体的事故损失比;式(6.2-7)表示前35%的二级指标的事故损失比小于整体的事故损失比。

6.2.3 模型的应用

(1)基础数据计量

根据企业资料统计10个施工项目以往的安全事故总损失。以项目1为例对建筑工程损失的具体损失项目进行计量。这里将总损失分为直接损失和间接损失两类。从人力资源损失、物力损失、财力损失三个方面完成直接经济损失的计量。具体损失内容详见表6.2-1~表6.2-3。用人力资源损失、财力损失、生产组织损失、环境损失四个方面对间接损失进行计量。具体损失内容详见表6.2-4~表6.2-7。其余项目的损失内容统计详见表6.2-8~表6.2-10。

表 6.2-1　建筑工程人力资源损失(直接)C_1计量表

二级指标	具体事项	具体事项计量	二级指标的损失/元
受伤害职工的损失 C_{11}	受伤害职工的日工资 L_q/元	250	100.0
	当天的时间损失 T/d	0.4	
	受伤害职工数量 n/人	1	
其他职工的损失 C_{12}	当天某施工班组进度延误时间 T_y/h	0.4	120.0
	该施工班组的日工资 L_p/元	1200	
	日工作小时 T_n/h	8	
	其他参与事故的职工数量 n/人	2	

表 6.2-2　建筑工程物力损失 C_2 计量表

二级指标	具体事项	具体事项计量	二级指标的损失/元
固定资产维修后可正常使用时的损失 C_{21}	—	—	345.0
固定资产维修后使用功能受到影响时的损失 C_{22}	固定资产原值 $V_原$ /元	70000	499.5
	固定资产残值 $V_残$ /元	55000	
	固定资产折旧额 R /元	12000	
	固定资产修复后的生产率 η' /%	75%	
	固定资产正常生产率 η /%	80%	
	固定资产维修费 C_r /元	312	
固定资产完全报废时的损失 C_{23}	固定资产原值 $V_原$ /元	3000	370.0
	固定资产折旧额 R /元	2630	
原材料的损失 C_{24}	材料购买时的账面价格 M_C /元	0	0.0
	材料的残值 M_r /元	0	
成品、半成品损失的计量 C_{25}	成品、半成品的成本 P_c /元	0	0.0
	成品、半成品的残值 P_R /元	0	
	成品、半成品的清理费用 P_q /元	0	
动力燃料损失的计量 C_{26}	—	—	0.0
其他物力损失的计量 C_{27}	—	—	100.0

表 6.2-3　建筑工程财力损失(直接) C_3 计量表

二级指标	二级指标的损失/元
急救费用 C_{31}	300.0
将受伤者送至医院的交通费用 C_{32}	45.0
其他财力损失 C_{33}	80.0

表 6.2-4　建筑工程人力资源损失(间接) C_4 计量表

二级指标	具体事项	具体事项计量	二级指标的损失/元
受伤害职工缺工期间企业支付的工资补贴损失 C_{41}	—	—	0.0
由于设备损坏或因没有受伤职工的协助而无法进行生产的损失的计量 C_{42}	停工的工日数 T /d	0.2	200.0
	工人的日工资额 L /元	250	
	停工工人的数量 n /人	4	
事故调查中其他职工被询问、取证等损失的时间费用 C_{43}	停工的工日数 T_1 /d	0.24	240.0
	被影响的工人的日工资额 L_1 /元	250	
	被影响的工人的数量 n_1 /人	4	

表 6.2-5　建筑工程财力损失(间接)C_5计量表

二级指标	具体事项	具体事项计量	二级指标的损失/元
事故结案日后未结算的医疗费用 C_{51}	事故结案日前的医疗费 M_b/元	266	310.0
	事故结案日后继续医治的时间 D_c/d	1	
	事故发生日到结案日的持续时间 P/d	6	
安全事故引起的员工休息所需支付费用 C_{52}	被伤害职工日工资 L_q/元	250	460.0
	受伤害职工事故结案后的延续歇工日 D_k/d	0.84	
	事故结案日前的歇工日 D_a/d	1	
救济及相关补助费用 C_{53}	实际救助工人费用 J/元	0	0.0
	实际补助工人费用 B/元	0	
丧葬及抚恤费用 C_{54}	抚恤伤亡员工以及家属费用 W/元	0	0.0
	死亡员工丧礼费用 S/元	0	
罚款 C_{55}	—	—	1200.0

表 6.2-6　建筑工程生产组织损失 C_6 计量表

二级指标	具体事项	具体事项计量	二级指标的损失/元
替换受伤害职工的工人培训费、雇佣费 C_{61}	—	—	550.0
为弥补进度而产生的加班费 C_{62}	加班人数 T_n/人	4	300.0
	加班天数 T_a/d	1	
	加班日工资 L_k/元	300	
	正常日工资 L_a/元	250	
	夜间施工增加费 C_a/元	25	
因未完成合同而支付的延期费用 C_{63}	—	—	0.0
其他生产组织损失 C_{64}	—	—	235.0

表 6.2-7　建筑工程环境损失 C_7 计量表

二级指标	二级指标的损失/元
消除环境污染发生的费用(其损失根据实际发生费用计量)C_{71}	135.0
企业破坏周边环境被有关部门罚款造成的损失(其损失按罚款金额计量)C_{72}	0.0

表 6.2-8　建筑工程直接经济损失计量表　　　　　　　单位：万元

项目	C_{11}	C_{12}	C_{21}	C_{22}	C_{23}	C_{24}	C_{25}	C_{26}	C_{27}	C_{31}	C_{32}	C_{33}
1	0.010	0.012	0.035	0.050	0.037	0.000	0.000	0.000	0.010	0.030	0.005	0.008
2	0.010	0.015	0.043	0.063	0.068	0.000	0.000	0.000	0.018	0.034	0.006	0.012
3	0.010	0.016	0.059	0.084	0.095	0.000	0.000	0.022	0.012	0.032	0.054	0.008
4	0.010	0.015	0.057	0.083	0.086	0.000	0.000	0.018	0.008	0.024	0.054	0.008
5	0.017	0.018	0.066	0.089	0.088	0.000	0.000	0.023	0.010	0.027	0.069	0.013
6	0.036	0.032	0.079	0.099	0.097	0.010	0.000	0.030	0.018	0.037	0.093	0.015
7	0.048	0.044	0.088	0.106	0.109	0.018	0.000	0.043	0.036	0.048	0.130	0.019
8	0.064	0.052	0.096	0.117	0.124	0.032	0.000	0.057	0.047	0.056	0.143	0.015
9	0.068	0.057	0.105	0.128	0.135	0.038	0.000	0.064	0.053	0.059	0.136	0.013
10	0.072	0.078	0.165	0.159	0.153	0.047	0.000	0.073	0.065	0.067	0.158	0.015

表 6.2-9　建筑工程间接经济损失计量表　　　　　　　单位：万元

项目	C_{41}	C_{42}	C_{43}	C_{51}	C_{52}	C_{53}	C_{54}	C_{55}	C_{61}	C_{62}	C_{63}	C_{64}	C_{71}	C_{72}
1	0.000	0.020	0.024	0.031	0.046	0.000	0.000	0.120	0.055	0.030	0.000	0.024	0.014	0.000
2	0.000	0.024	0.028	0.052	0.055	0.000	0.000	0.150	0.070	0.053	0.000	0.036	0.030	0.050
3	0.000	0.076	0.035	0.080	0.066	0.000	0.045	0.230	0.085	0.064	0.000	0.056	0.050	0.080
4	0.000	0.069	0.029	0.072	0.064	0.000	0.045	0.210	0.085	0.066	0.000	0.056	0.040	0.080
5	0.000	0.098	0.035	0.090	0.084	0.000	0.050	0.230	0.088	0.070	0.000	0.058	0.050	0.070
6	0.000	0.140	0.043	0.129	0.120	0.020	0.070	0.280	0.098	0.084	0.000	0.064	0.070	0.100
7	0.000	0.159	0.055	0.159	0.138	0.032	0.090	0.310	0.120	0.120	0.000	0.070	0.079	0.100
8	0.000	0.196	0.068	0.197	0.160	0.058	0.100	0.320	0.177	0.139	0.000	0.099	0.082	0.120
9	0.000	0.215	0.074	0.224	0.190	0.064	0.110	0.300	0.185	0.148	0.000	0.104	0.089	0.120
10	0.000	0.267	0.085	0.249	0.225	0.082	0.145	0.350	0.243	0.178	0.000	0.167	0.098	0.130

表 6.2-10　建筑工程总经济损失计量表　　　　　　　单位：万元

项目	直接经济损失	间接经济损失	总经济损失
1	0.196	0.363	0.559
2	0.268	0.548	0.816
3	0.425	0.867	1.292
4	0.396	0.816	1.212
5	0.459	0.923	1.382
6	0.585	1.218	1.803
7	0.727	1.431	2.158
8	0.845	1.716	2.561
9	0.902	1.823	2.725
10	1.110	2.219	3.329

（2）目标函数具体化

根据企业资料统计施工项目以往的安全事故总损失、总投入，并计算出各个项目的安全投入率和事故损失比。为了更好地反映安全事故损失比随安全投入率的变化趋势，根据已有的数据对安全投入损失比和安全投入率采用 MATLAB 软件进行反比例函数的拟合。

设各个项目安全投入率和总的安全投入损失比的拟合函数如公式（6.2-8）所示。

$$y = \frac{b}{cx - a}$$

（6.2-8）

其中，y 表各个项目总的安全投入损失比，x 表各个项目的安全投入率，式中 a，b，c 分别为反比例函数的参数。

拟合时分别用到的项目安全投入和安全事故损失如表 6.2-11～表 6.2-26 所示。拟合成的反比例函数结果如下。

表 6.2-11　各个项目安全总投入和安全事故损失表

项目	项目总投入/万元	项目安全总投入/万元	项目安全总投入率/%	安全事故总损失金额/万元	安全投入损失比
1	476.984	7.555	1.584	0.559	0.074
2	628.167	10.459	1.665	0.816	0.078
3	929.770	14.356	1.544	1.292	0.090
4	980.237	17.311	1.766	1.212	0.070
5	1114.307	21.595	1.938	1.382	0.064
6	1500.167	28.608	1.907	1.802	0.063
7	1678.600	33.203	1.978	2.158	0.065
8	1972.900	40.010	2.028	2.561	0.064
9	2363.120	53.430	2.261	2.725	0.051
10	2990.393	71.829	2.402	3.663	0.051

通过对函数进行拟合，得到安全投入率和安全投入损失比之间的关系如公式（6.2-9）所示：

$$y_{总} = \frac{0.074}{0.698\, x_{总} - 0.191}$$

（6.2-9）

得到安全投入率和安全投入损失比的拟合曲线如图 6.2-1 所示。

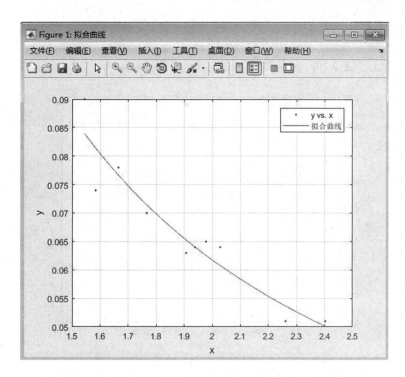

图 6.2-1　各个项目安全投入率和安全投入损失比拟合函数图

表 6.2-12　物的因素安全投入和安全事故损失表

项目	项目总投入/万元	物的因素安全投入/万元	物的因素安全投入率/%	安全事故总损失金额/万元	安全投入损失比
1	476.984	2.531	0.531	0.559	0.074
2	628.167	3.504	0.558	0.816	0.078
3	929.770	4.809	0.517	1.292	0.090
4	980.237	5.799	0.592	1.212	0.070
5	1114.307	7.234	0.649	1.382	0.064
6	1500.167	9.584	0.639	1.802	0.063
7	1678.600	11.123	0.663	2.158	0.065
8	1972.900	13.403	0.679	2.561	0.064
9	2363.120	17.899	0.757	2.725	0.051
10	2990.393	24.063	0.805	3.663	0.051

通过对函数进行拟合，得到安全投入率和安全投入损失比之间的关系如公式(6.2-10)所示：

$$y_{物} = \frac{0.026}{0.722\,x_{物} - 0.067} \tag{6.2-10}$$

得到安全投入率和安全投入损失比的拟合曲线如图 6.2-2 所示。

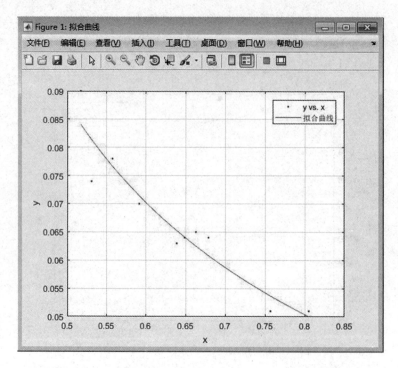

图 6.2-2　物的因素安全投入率和安全投入损失比拟合函数图

表 6.2-13　作业人员的工艺技术水平安全投入和安全事故损失表

项目	项目总投入/万元	作业人员的工艺技术水平安全投入/万元	作业人员的工艺技术水平安全投入率/%	安全事故总损失金额/万元	安全投入损失比
1	476.984	0.846	0.177	0.559	0.074
2	628.167	1.171	0.186	0.816	0.078
3	929.770	1.608	0.173	1.292	0.090
4	980.237	1.939	0.198	1.212	0.070
5	1114.307	2.419	0.217	1.382	0.064
6	1500.167	3.204	0.214	1.802	0.063
7	1678.600	3.719	0.222	2.158	0.065
8	1972.900	4.481	0.227	2.561	0.064
9	2363.120	5.984	0.253	2.725	0.051
10	2990.393	8.045	0.269	3.663	0.051

通过对函数进行拟合,得到安全投入率和安全投入损失比之间的关系如公式(6.2-11)所示:

$$y_{11} = \frac{0.007}{0.591\,x_{11} - 0.018} \tag{6.2-11}$$

得到安全投入率和安全投入损失比的拟合曲线如图 6.2-3 所示。

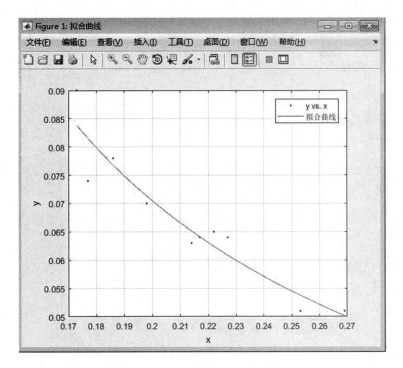

图 6.2-3　作业人员的工艺技术水平安全投入率和安全投入损失比拟合函数图

表 6.2-14　各层级人员的安全意识安全投入和安全事故损失表

项目	项目总投入/万元	各层级人员的安全意识安全投入/万元	各层级人员的安全意识安全投入率/%	安全事故总损失金额/万元	安全投入损失比
1	476.984	0.257	0.054	0.559	0.074
2	628.167	0.356	0.057	0.816	0.078
3	929.770	0.488	0.052	1.292	0.090
4	980.237	0.589	0.060	1.212	0.070
5	1114.307	0.734	0.066	1.382	0.064
6	1500.167	0.973	0.065	1.802	0.063
7	1678.600	1.129	0.067	2.158	0.065
8	1972.900	1.360	0.069	2.561	0.064
9	2363.120	1.817	0.077	2.725	0.051
10	2990.393	2.442	0.082	3.663	0.051

通过对函数进行拟合,得到安全投入率和安全投入损失比之间的关系如公式(6.2-12)所示:

$$y_{12} = \frac{0.003}{0.837 x_{12} - 0.008} \tag{6.2-12}$$

得到安全投入率和安全投入损失比的拟合曲线如图 6.2-4 所示。

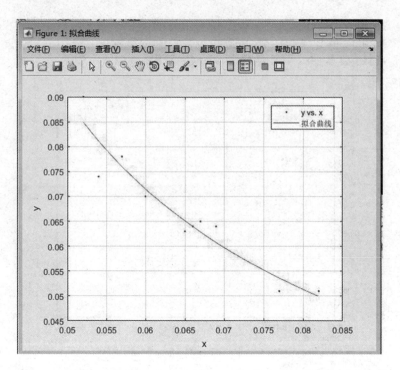

图6.2-4 各层级人员的安全意识安全投入率和安全投入损失比拟合函数图

表6.2-15 管理人员的安全管理能力安全投入和安全事故损失表

项目	项目总投入/万元	管理人员的安全管理能力安全投入/万元	管理人员的安全管理能力安全投入率/%	安全事故总损失金额/万元	安全投入损失比
1	476.984	0.438	0.092	0.559	0.074
2	628.167	0.607	0.097	0.816	0.078
3	929.770	0.833	0.090	1.292	0.090
4	980.237	1.004	0.102	1.212	0.070
5	1114.307	1.253	0.112	1.382	0.064
6	1500.167	1.659	0.111	1.802	0.063
7	1678.600	1.926	0.115	2.158	0.065
8	1972.900	2.321	0.118	2.561	0.064
9	2363.120	3.099	0.131	2.725	0.051
10	2990.393	4.166	0.139	3.663	0.051

通过对函数进行拟合,得到安全投入率和安全投入损失比之间的关系如公式(6.2-13)所示:

$$y_{13} = \frac{0.004}{0.583\,x_{13} - 0.010} \qquad (6.2\text{-}13)$$

得到安全投入率和安全投入损失比的拟合曲线如图6.2-5所示。

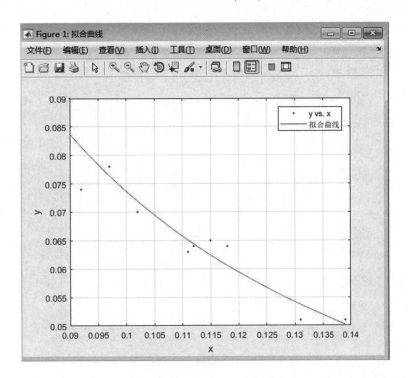

图 6.2-5　管理人员的安全管理能力安全投入率和安全投入损失比拟合函数图

表 6.2-16　作业人员对安全管理制度的遵守情况安全投入和安全事故损失表

项目	项目总投入/万元	作业人员对安全管理制度的遵守情况安全投入/万元	作业人员对安全管理制度的遵守情况安全投入率/%	安全事故总损失金额/万元	安全投入损失比
1	476.984	0.204	0.043	0.559	0.074
2	628.167	0.282	0.045	0.816	0.078
3	929.770	0.388	0.042	1.292	0.090
4	980.237	0.467	0.048	1.212	0.070
5	1114.307	0.583	0.052	1.382	0.064
6	1500.167	0.772	0.051	1.802	0.063
7	1678.600	0.896	0.053	2.158	0.065
8	1972.900	1.080	0.055	2.561	0.064
9	2363.120	1.443	0.061	2.725	0.051
10	2990.393	1.939	0.065	3.663	0.051

通过对函数进行拟合，得到安全投入率和安全投入损失比之间的关系如公式（6.2-14）所示：

$$y_{14} = \frac{0.048}{17.020\,x_{14} - 0.143} \qquad (6.2\text{-}14)$$

得到安全投入率和安全投入损失比的拟合曲线如图 6.2-6 所示。

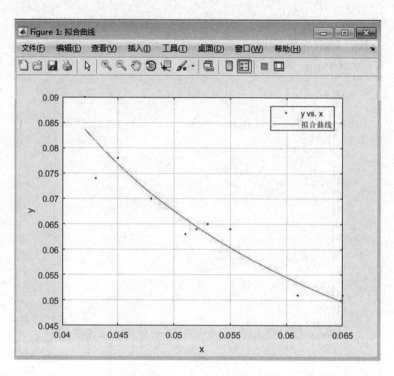

图 6.2-6 作业人员对安全管理制度的遵守情况安全投入率和安全投入损失比拟合函数图

表 6.2-17 安全防护设施及劳保用品安全投入和安全事故损失表

项目	项目总投入/万元	安全防护设施及劳保用品安全投入/万元	安全防护设施及劳保用品安全投入率/%	安全事故总损失金额/万元	安全投入损失比
1	476.984	0.499	0.105	0.559	0.074
2	628.167	0.690	0.110	0.816	0.078
3	929.770	0.947	0.102	1.292	0.090
4	980.237	1.143	0.117	1.212	0.070
5	1114.307	1.425	0.128	1.382	0.064
6	1500.167	1.888	0.126	1.802	0.063
7	1678.600	2.191	0.131	2.158	0.065
8	1972.900	2.641	0.134	2.561	0.064
9	2363.120	3.526	0.149	2.725	0.051
10	2990.393	4.741	0.159	3.663	0.051

通过对函数进行拟合，得到安全投入率和安全投入损失比之间的关系如公式（6.2-15）所示：

$$y_{21} = \frac{0.004}{0.584\,x_{21} - 0.011} \tag{6.2-15}$$

得到安全投入率和安全投入损失比的拟合曲线如图 6.2-7 所示。

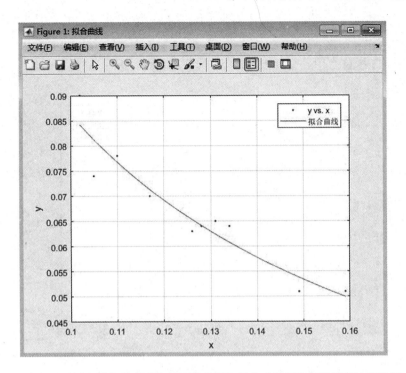

图 6.2-7 安全防护设施及劳保用品安全投入率和安全投入损失比拟合函数图

表 6.2-18 施工机具设备的性能检修与维护安全投入和安全事故损失表

项目	项目总投入 /万元	施工机具设备的 性能检修与维护 安全投入/万元	施工机具设备的 性能检修与维护 安全投入率/%	安全事故总 损失金额 /万元	安全投入 损失比
1	476.984	0.929	0.195	0.559	0.074
2	628.167	1.286	0.205	0.816	0.078
3	929.770	1.766	0.190	1.292	0.090
4	980.237	2.129	0.217	1.212	0.070
5	1114.307	2.656	0.238	1.382	0.064
6	1500.167	3.519	0.235	1.802	0.063
7	1678.600	4.084	0.243	2.158	0.065
8	1972.900	4.921	0.249	2.561	0.064
9	2363.120	6.572	0.278	2.725	0.051
10	2990.393	8.835	0.295	3.663	0.051

通过对函数进行拟合，得到安全投入率和安全投入损失比之间的关系如公式(6.2-16)所示：

$$y_{22} = \frac{0.009}{0.704\,x_{22} - 0.025} \qquad (6.2\text{-}16)$$

得到安全投入率和安全投入损失比的拟合曲线如图 6.2-8 所示。

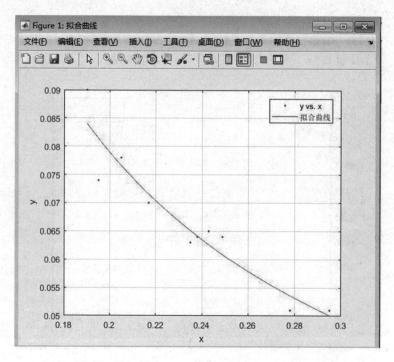

图 6.2-8 施工机具设备的性能检修与维护安全投入率和安全投入损失比拟合函数图

表 6.2-19 机械设备的安拆与使用安全投入和安全事故损失表

项目	项目总投入/万元	机械设备的安拆与使用安全投入/万元	机械设备的安拆与使用安全投入率/%	安全事故总损失金额/万元	安全投入损失比
1	476.984	1.103	0.231	0.559	0.074
2	628.167	1.527	0.243	0.816	0.078
3	929.770	2.096	0.225	1.292	0.090
4	980.237	2.527	0.258	1.212	0.070
5	1114.307	3.153	0.283	1.382	0.064
6	1500.167	4.177	0.278	1.802	0.063
7	1678.600	4.848	0.289	2.158	0.065
8	1972.900	5.841	0.296	2.561	0.064
9	2363.120	7.801	0.330	2.725	0.051
10	2990.393	10.487	0.351	3.663	0.051

通过对函数进行拟合，得到安全投入率和安全投入损失比之间的关系如公式(6.2-17)所示：

$$y_{23} = \frac{0.172}{11.010\,x_{23} - 0.429} \qquad (6.2\text{-}17)$$

得到安全投入率和安全投入损失比的拟合曲线如图 6.2-9 所示。

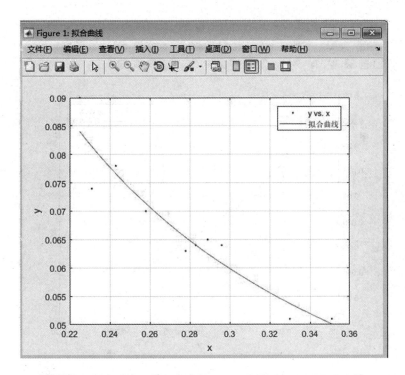

图 6.2-9　机械设备的安拆与使用安全投入率和安全投入损失比拟合函数图

表 6.2-20　自然环境安全投入和安全事故损失表

项目	项目总投入 /万元	自然环境安全 投入/万元	自然环境安全 投入率/%	安全事故总 损失金额 /万元	安全投入 损失比
1	476.984	0.181	0.038	0.559	0.074
2	628.167	0.251	0.040	0.816	0.078
3	929.770	0.345	0.037	1.292	0.090
4	980.237	0.415	0.042	1.212	0.070
5	1114.307	0.518	0.046	1.382	0.064
6	1500.167	0.687	0.046	1.802	0.063
7	1678.600	0.797	0.047	2.158	0.065
8	1972.900	0.960	0.049	2.561	0.064
9	2363.120	1.282	0.054	2.725	0.051
10	2990.393	1.724	0.058	3.663	0.051

通过对函数进行拟合，得到安全投入率和安全投入损失比之间的关系如公式（6.2-18）所示：

$$y_{31} = \frac{0.044}{16.990\,x_{31} - 0.105} \tag{6.2-18}$$

得到安全投入率和安全投入损失比的拟合曲线如图 6.2-10 所示。

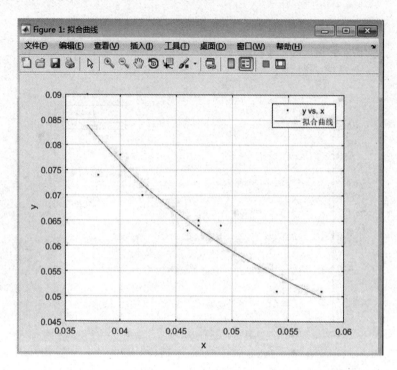

图 6.2-10 自然环境安全投入率和安全投入损失比拟合函数图

表 6.2-21 工作场所环境安全投入和安全事故损失表

项目	项目总投入/万元	工作场所环境安全投入/万元	工作场所环境安全投入率/%	安全事故总损失金额/万元	安全投入损失比
1	476.984	0.453	0.095	0.559	0.074
2	628.167	0.628	0.100	0.816	0.078
3	929.770	0.861	0.093	1.292	0.090
4	980.237	1.039	0.106	1.212	0.070
5	1114.307	1.296	0.116	1.382	0.064
6	1500.167	1.716	0.114	1.802	0.063
7	1678.600	1.992	0.119	2.158	0.065
8	1972.900	2.401	0.122	2.561	0.064
9	2363.120	3.206	0.136	2.725	0.051
10	2990.393	4.310	0.144	3.663	0.051

通过对函数进行拟合,得到安全投入率和安全投入损失比之间的关系如公式(6.2-19)所示:

$$y_{32} = \frac{0.004}{0.583\, x_{32} - 0.010} \qquad (6.2\text{-}19)$$

得到安全投入率和安全投入损失比的拟合曲线如图 6.2-11 所示。

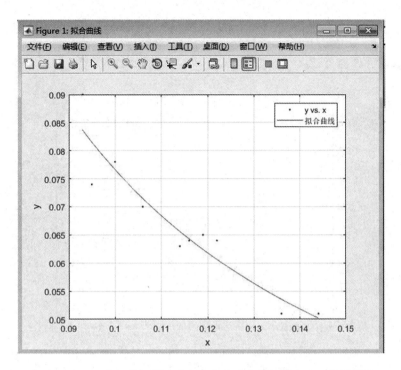

图 6.2-11　工作场所环境安全投入率和安全投入损失比拟合函数图

表 6.2-22　安全生产检查安全投入和安全事故损失表

项目	项目总投入 /万元	安全生产检查 安全投入/万元	安全生产检查 安全投入率/%	安全事故总 损失金额 /万元	安全投入 损失比
1	476.984	0.468	0.098	0.559	0.074
2	628.167	0.648	0.103	0.816	0.078
3	929.770	0.890	0.96	1.292	0.090
4	980.237	1.073	0.109	1.212	0.070
5	1114.307	1.339	0.120	1.382	0.064
6	1500.167	1.774	0.118	1.802	0.063
7	1678.600	2.059	0.123	2.158	0.065
8	1972.900	2.481	0.126	2.561	0.064
9	2363.120	3.313	0.140	2.725	0.051
10	2990.393	4.453	0.149	3.663	0.051

通过对函数进行拟合,得到安全投入率和安全投入损失比之间的关系如公式(6.2-20)所示:

$$y_{41} = \frac{0.035}{5.131\,x_{41} - 0.085} \qquad (6.2\text{-}20)$$

得到安全投入率和安全投入损失比的拟合曲线如图 6.2-12 所示。

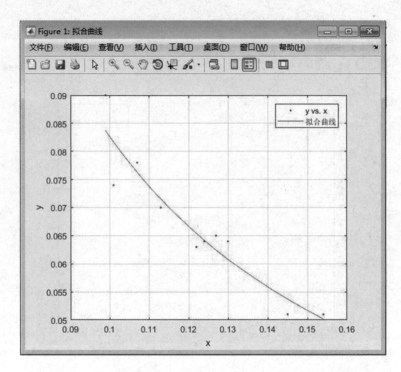

图 6.2-12　安全生产检查安全投入率和安全投入损失比拟合函数图

表 6.2-23　施工现场安全教育及培训安全投入和安全事故损失表

项目	项目总投入 万元	施工现场安全 教育及培训安全 投入/万元	施工现场安全 教育及培训安全 投入率/%	安全事故总 损失金额 /万元	安全投入损失比
1	476.984	0.597	0.125	0.559	0.074
2	628.167	0.826	0.131	0.816	0.078
3	929.770	1.134	0.122	1.292	0.090
4	980.237	1.368	0.140	1.212	0.070
5	1114.307	1.706	0.153	1.382	0.064
6	1500.167	2.260	0.151	1.802	0.063
7	1678.600	2.623	0.156	2.158	0.065
8	1972.900	3.161	0.160	2.561	0.064
9	2363.120	4.221	0.179	2.725	0.051
10	2990.393	5.674	0.190	3.663	0.051

通过对函数进行拟合，得到安全投入率和安全投入损失比之间的关系如公式(6.2-21)所示：

$$y_{42} = \frac{0.006}{0.702\,x_{42} - 0.015} \tag{6.2-21}$$

得到安全投入率和安全投入损失比的拟合曲线如图 6.2-13 所示。

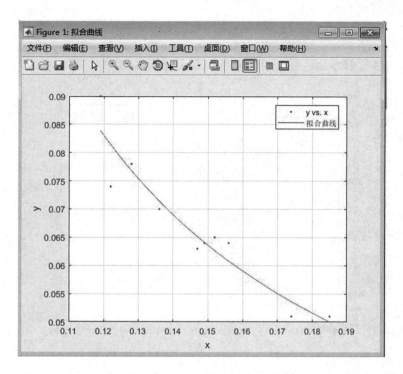

图 6.2-13　施工现场安全教育及培训安全投入率和安全投入损失比拟合函数图

表 6.2-24　安全管理责任制度安全投入和安全事故损失表

项目	项目总投入 /万元	安全管理责任制度 安全投入/万元	安全管理责任制度 安全投入率/%	安全事故总 损失金额 /万元	安全投入 损失比
1	476.984	0.287	0.060	0.559	0.074
2	628.167	0.397	0.063	0.816	0.078
3	929.770	0.546	0.059	1.292	0.090
4	980.237	0.658	0.067	1.212	0.070
5	1114.307	0.821	0.074	1.382	0.064
6	1500.167	1.087	0.072	1.802	0.063
7	1678.600	1.262	0.075	2.158	0.065
8	1972.900	1.520	0.077	2.561	0.064
9	2363.120	2.030	0.086	2.725	0.051
10	2990.393	2.730	0.091	3.663	0.051

　　通过对函数进行拟合，得到安全投入率和安全投入损失比之间的关系如公式(6.2-22)所示：

$$y_{43} = \frac{0.009}{2.131\,x_{43} - 0.022} \qquad (6.2\text{-}22)$$

　　得到安全投入率和安全投入损失比的拟合曲线如图 6.2-14 所示。

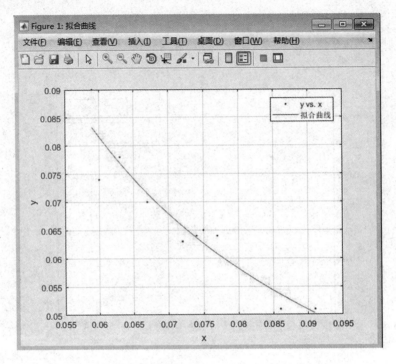

图 6.2-14　安全管理责任制度安全投入率和安全投入损失比拟合函数图

表 6.2-25　施工现场安全管理制度安全投入和安全事故损失表

项目	项目总投入/万元	施工现场安全管理制度安全投入/万元	施工现场安全管理制度安全投入率/%	安全事故总损失金额/万元	安全投入损失比
1	476.984	0.295	0.062	0.559	0.074
2	628.167	0.408	0.065	0.816	0.078
3	929.770	0.560	0.060	1.292	0.090
4	980.237	0.675	0.069	1.212	0.070
5	1114.307	0.842	0.076	1.382	0.064
6	1500.167	1.116	0.074	1.802	0.063
7	1678.600	1.295	0.077	2.158	0.065
8	1972.900	1.560	0.079	2.561	0.064
9	2363.120	2.084	0.088	2.725	0.051
10	2990.393	2.801	0.094	3.663	0.051

通过对函数进行拟合,得到安全投入率和安全投入损失比之间的关系如公式(6.2-23)所示:

$$y_{44} = \frac{0.058}{14.020\, x_{44} - 0.154} \qquad (6.2-23)$$

得到安全投入率和安全投入损失比的拟合曲线如图 6.2-15 所示。

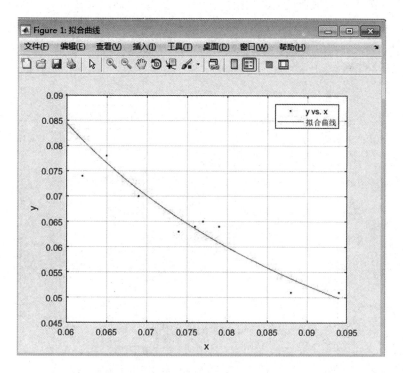

图 6.2-15 施工现场安全管理制度安全投入率和安全投入损失比拟合函数图

表 6.2-26 安全事故的预警及应急处理安全投入和安全事故损失表

项目	项目总投入 /万元	安全事故的预警 及应急处理安全 投入/万元	安全事故的预警 及应急处理安全 投入率/%	安全事故总 损失金额 /万元	安全投入 损失比
1	476.984	0.997	0.209	0.559	0.074
2	628.167	1.381	0.220	0.816	0.078
3	929.770	1.895	0.204	1.292	0.090
4	980.237	2.285	0.233	1.212	0.070
5	1114.307	2.851	0.256	1.382	0.064
6	1500.167	3.776	0.252	1.802	0.063
7	1678.600	4.383	0.261	2.158	0.065
8	1972.900	5.281	0.268	2.561	0.064
9	2363.120	7.053	0.298	2.725	0.051
10	2990.393	9.481	0.317	3.663	0.051

通过对函数进行拟合,得到安全投入率和安全投入损失比之间的关系如公式(6.2-24)所示:

$$y_{45} = \frac{0.010}{0.703\,x_{45} - 0.025} \tag{6.2-24}$$

得到安全投入率和安全投入损失比的拟合曲线如图 6.2-16 所示。

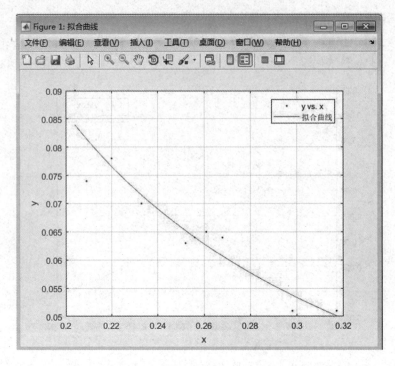

图 6.2-16 安全事故的预警及应急处理安全投入率和安全投入损失比拟合函数图

（3）模型求解

该项目施工过程中，建筑安全总投入不得超过 72.870 万元。人的因素的安全投入不得超过 18.080 万元；物的因素的安全投入不得超过 26.221 万元；环境因素的安全投入不得超过 6.575 万元；管理因素的安全投入不得超过 27.395 万元。其中人的因素中：作业人员的工艺技术水平的安全投入不得超过 9.518 万元；各层级人员的安全意识的安全投入不得超过 2.889 万元；管理人员的安全管理能力的安全投入不得超过 4.929 万元；作业人员对安全管理制度的遵守情况的安全投入不得超过 2.295 万元。物的因素中：安全防护设施及劳保用品的安全投入不得超过 5.609 万元；施工机具设备的性能检修与维护的安全投入不得超过 10.453 万元；机械设备的安拆与使用的安全投入不得超过 12.408 万元。环境因素中：自然环境的安全投入不得超过 2.040 万元；工作场所环境的安全投入不得超过 5.099 万元。管理因素中：安全生产检查的安全投入不得超过 5.439 万元；施工现场安全教育及培训的安全投入不得超过 6.544 万元；安全管理责任制度的安全投入不得超过 3.314 万元；施工现场安全管理制度的安全投入不得超过 3.229 万元；安全事故的预警及应急处理的安全投入不得超过 11.218 万元。

将上述相关数据代入模型中，并编写求解模型的 Lingo 软件的程序代码，具体如下所示：

```
MINZ=0.053 * 0.007/(0.591 * X₁₁-0.018)+0.082 * 0.003/(0.837 * X₁₂-0.008)+
0.066 * 0.004/(0.583 * X₁₃-0.010)+0.072 * 0.048/(17.020 * X₁₄-0.143)+0.048 *
```

$0.004/(0.584* X_{21}-0.011)+0.043* 0.009/(0.704* X_{22}-0.025)+0.056* 0.172/(11.010$
$* X_{23}-0.429)+0.073* 0.044/(16.990* X_{31}-0.105)+0.063* 0.004/(0.583* X_{32}-0.010)+$
$0.101* 0.035/(5.131* X_{41}-0.085)+0.077* 0.006/(0.702* X_{42}-0.015)+0.090* 0.009/$
$(2.131* X_{43}-0.022)+0.114* 0.058/(14.020* X_{44}-0.154)+0.062* 0.010/(0.703* X_{45}-$
$0.025)$

$X_{11}+X_{12}+X_{13}+X_{14}+X_{21}+X_{22}+X_{23}+X_{31}+X_{32}+X_{41}+X_{42}+X_{43}+X_{44}+X_{45}<=2.637;$

$X_{11}+X_{12}+X_{13}+X_{14}<=0.654;$

$X_{21}+X_{22}+X_{23}<=0.949;$

$X_{31}+X_{32}<=0.238;$

$X_{41}+X_{42}+X_{43}+X_{44}+X_{45}<=0.991;$

$0.276<=X_{11};X_{11}<=0.344;$

$0.084<=X_{12};X_{12}<=0.105;$

$0.143<=X_{13};X_{13}<=0.178;$

$0.066<=X_{14};X_{14}<=0.083;$

$0.162<=X_{21};X_{21}<=0.203;$

$0.303<=X_{22};X_{22}<=0.378;$

$0.359<=X_{23};X_{23}<=0.449;$

$0.059<=X_{31};X_{31}<=0.074;$

$0.148<=X_{32};X_{32}<=0.185;$

$0.158<=X_{41};X_{41}<=0.197;$

$0.189<=X_{42};X_{42}<=0.237;$

$0.093<=X_{43};X_{43}<=0.117;$

$0.096<=X_{44};X_{44}<=0.120;$

$0.325<=X_{45};X_{45}<=0.406;$

$0.007/(0.591* X_{11}-0.018)>0;$

$0.003/(0.837* X_{12}-0.008)>0;$

$0.004/(0.583* X_{13}-0.010)>0;$

$0.048/(17.020* X_{14}-0.143)>0;$

$0.004/(0.584* X_{21}-0.011)>0;$

$0.009/(0.704* X_{22}-0.025)>0;$

$0.172/(11.010* X_{23}-0.429)>0;$

$0.044/(16.990* X_{31}-0.105)>0;$

$0.004/(0.583* X_{32}-0.010)>0;$

$0.035/(5.131* X_{41}-0.085)>0;$

$0.006/(0.702* X_{42}-0.015)>0;$

$0.009/(2.131* X_{43}-0.022)>0;$

$0.058/(14.020* X_{44}-0.154)>0;$

0.010/(0.703* X$_{45}$-0.025)>0;

0.007/(0.591* X$_{11}$-0.018)<=0.9;

0.003/(0.837* X$_{12}$-0.008)<=0.9;

0.004/(0.583* X$_{13}$-0.010)<=0.9;

0.048/(17.020* X$_{14}$-0.143)<=0.9;

0.004/(0.584* X$_{21}$-0.011)<=0.9;

0.009/(0.704* X$_{22}$-0.025)<=0.9;

0.172/(11.010* X$_{23}$-0.429)<=0.9;

0.044/(16.990* X$_{31}$-0.105)<=0.9;

0.004/(0.583* X$_{32}$-0.010)<=0.9;

0.035/(5.131* X$_{41}$-0.085)<=0.9;

0.006/(0.702* X$_{42}$-0.015)<=0.9;

0.009/(2.131* X$_{43}$-0.022)<=0.9;

0.058/(14.020* X$_{44}$-0.154)<=0.9;

0.010/(0.703* X$_{45}$-0.025)<=0.9;

0.007/(0.591* X$_{11}$-0.018)<=0.074/(0.698* (X$_{11}$+X$_{12}$+X$_{13}$+X$_{14}$+X$_{21}$+X$_{22}$+X$_{23}$+X$_{31}$+X$_{32}$+X$_{41}$+X$_{42}$+X$_{43}$+X$_{44}$+X$_{45}$)-0.191);

0.004/(0.584* X$_{21}$-0.011)<=0.074/(0.698* (X$_{11}$+X$_{12}$+X$_{13}$+X$_{14}$+X$_{21}$+X$_{22}$+X$_{23}$+X$_{31}$+X$_{32}$+X$_{41}$+X$_{42}$+X$_{43}$+X$_{44}$+X$_{45}$)-0.191);

0.009/(0.704* X$_{22}$-0.025)<=0.074/(0.698* (X$_{11}$+X$_{12}$+X$_{13}$+X$_{14}$+X$_{21}$+X$_{22}$+X$_{23}$+X$_{31}$+X$_{32}$+X$_{41}$+X$_{42}$+X$_{43}$+X$_{44}$+X$_{45}$)-0.191);

0.172/(11.010* X$_{23}$-0.429)<=0.074/(0.698* (X$_{11}$+X$_{12}$+X$_{13}$+X$_{14}$+X$_{21}$+X$_{22}$+X$_{23}$+X$_{31}$+X$_{32}$+X$_{41}$+X$_{42}$+X$_{43}$+X$_{44}$+X$_{45}$)-0.191);

0.010/(0.703* X$_{45}$-0.025)<=0.074/(0.698* (X$_{11}$+X$_{12}$+X$_{13}$+X$_{14}$+X$_{21}$+X$_{22}$+X$_{23}$+X$_{31}$+X$_{32}$+X$_{41}$+X$_{42}$+X$_{43}$+X$_{44}$+X$_{45}$)-0.191);

0.026/(0.722* (X$_{21}$+X$_{22}$+X$_{23}$)-0.067)<=0.074/(0.698* (X$_{11}$+X$_{12}$+X$_{13}$+X$_{14}$+X$_{21}$+X$_{22}$+X$_{23}$+X$_{31}$+X$_{32}$+X$_{41}$+X$_{42}$+X$_{43}$+X$_{44}$+X$_{45}$)-0.191);

将上述具体化的目标函数和约束条件代入输入 Lingo 中进行求解，各个子项目的安全投入金额和安全事故的总损失比如表 6.2-27 所示。由此结果可得出：建筑安全总投入为 72.864 万元。人的因素中：作业人员的工艺技术水平的安全投入为 8.137 万元；各层级人员的安全意识的安全投入为 2.518 万元；管理人员的安全管理能力的安全投入为 3.951 万元；作业人员对安全管理制度的遵守情况的安全投入为 2.105 万元。物的因素中：安全防护设施及劳保用品的安全投入为 5.191 万元；施工机具设备的性能检修与维护的安全投入为 8.856 万元；机械设备的安拆与使用的安全投入为 10.699 万元。环境因素中：自然环境的安全投入为 1.978 万元；工作场所环境的安全投入为 4.089 万元。管理因素中：安全生产检查的安全投入为 4.366 万元；施工现场安全教育及培训的安全投入为 5.222 万元；安全管理责任制度的安全投入为 3.158 万元；施工现场安全管理制度的安全投入为 2.848 万元；安全事故的预警及应急处理的安全投入为 9.745 万元。项目的总安全投入率为 2.637，所得出的安全事故的总损失比为 0.045。

表 6.2-27　优化后安全投入资金方案

指标代码	安全投入金额/万元	指标代码	安全投入金额/万元	指标代码	安全投入金额/万元
X_{11}	8.137	X_{22}	8.856	X_{42}	5.222
X_{12}	2.518	X_{23}	10.699	X_{43}	3.158
X_{13}	3.951	X_{31}	1.978	X_{44}	2.848
X_{14}	2.105	X_{32}	4.089	X_{45}	9.745
X_{21}	5.191	X_{41}	4.366		

6.3　安全水平导向类施工安全风险控制优化模型

6.3.1　安全水平导向类优化模型一

（1）变量与参数设置

n：表示一级风险类别的种类数；

m：表示二级风险指标的种类数；

a_{ij}：表示第 i 个一级风险类别下第 j 个指标的权重，其中 $\sum\limits_{i}^{m} a_{ij} = 1$；

x_{ij}：表示对第 j 个风险指标的成本投入；

$f(x_{ij})$：表示对第 j 个风险指标，其成本投入和安全水平之间的关系；

H_{ij}：表示对第 j 个风险指标，成本投入的上限额；

L_{ij}：表示对第 j 个风险指标，成本投入的下限额；

C：表示总成本投入；

C_{ij}：表示第 j 个风险指标成本投入的限额；

C_{max}：表示成本投入中单项最大的限额；

C_{min}：表示成本投入中单项最小的限额。

（2）优化模型构建

在上述变量与参数设置的基础上，建立如下优化模型：

$$\max Z = \sum_{i=1}^{n} \sum_{j=1}^{m} a_{ij} f(x_{ij}) \tag{6.3-1}$$

$$\text{s.t.} \quad 0 \leqslant \sum_{i=1}^{n} x_i \leqslant C \tag{6.3-2}$$

$$0 \leqslant \sum_{j=1}^{m} x_{ij} \leqslant C_i \qquad (6.3-3)$$

$$L_{ij} \leqslant x_{ij} \leqslant H_{ij} \quad i = 1, 2, \cdots, n; j = 1, 2, \cdots, m \qquad (6.3-4)$$

$$f(x_{\min}) \geqslant C_{\min} \qquad (6.3-5)$$

$$f(x_{\max}) \leqslant C_{\max} \qquad (6.3-6)$$

（3）风险指标的筛选

在模型的具体应用前，考虑到实际项目涉及的风险指标数量过多，不利于抓住关键因素，因此，需要对最初提出的初步风险指标进行约简。初步风险指标汇总表如表6.3-1所示。

表 6.3-1　初步风险指标汇总表

一级风险类别	二级风险指标
人的风险	工人操作水平 C_{11}
	现场安全人员配置 C_{12}
	违章作业 C_{13}
	疲劳施工 C_{14}
	安全意识程度 C_{15}
	文化素质程度 C_{16}
	施工人员对现场的熟悉程度 C_{17}
设备及材料风险	构件出厂质量 C_{21}
	临时支撑稳定性 C_{22}
	混凝土钢筋等材料稳定性 C_{23}
	机械设备的选择 C_{24}
	施工机械保养及维修情况 C_{25}
	机械设备操作的难易程度 C_{26}
	机械设备的安拆管理 C_{27}
管理风险	安全管理组织制度的可靠性 C_{31}
	预制构件现场堆放管理 C_{32}
	安全教育和培训 C_{33}
	工程设计的优良程度 C_{34}
	安全标志的放置程度 C_{35}

表6.3-1(续)

一级风险类别	二级风险指标
环境风险	项目卫生环境 C_{41}
	施工气候条件 C_{42}
	施工现场路况和场地情况 C_{43}
	供水供电条件 C_{44}
	社会政策 C_{45}
	工程地质条件 C_{46}
技术风险	构件吊装技术 C_{51}
	构件组装技术 C_{52}
	质量检测技术 C_{53}
	成品保护程度 C_{54}

针对初步的风险指标,应用粗糙集-支持向量回归(RS-SVR)进行指标约简,最终得出的约简结果为违章作业 C_{13}、疲劳施工 C_{14}、施工人员对现场的熟悉程度 C_{17}、构件出厂质量 C_{21}、机械设备的选择 C_{24}、施工机械保养及维修情况 C_{25}、预制构件现场堆放管理 C_{32}、安全教育和培训 C_{33}、安全标志的放置程度 C_{35}、施工气候条件 C_{42}、施工现场路况和场地情况 C_{43}、构件吊装技术 C_{51}、构件组装技术 C_{52} 13 条重要因素。约简后的风险指标汇总表如表 6.3-2 所示。

表 6.3-2 约简后的风险指标汇总表

一级风险类别	二级风险指标
人的风险 B_1	违章作业 C_{13}
	疲劳施工 C_{14}
	施工人员对现场的熟悉程度 C_{17}
设备及材料风险 B_2	构件出厂质量 C_{21}
	机械设备的选择 C_{24}
	施工机械保养及维修情况 C_{25}
管理风险 B_3	预制构件现场堆放管理 C_{32}
	安全教育和培训 C_{33}
	安全标志的放置程度 C_{35}
环境风险 B_4	施工气候条件 C_{42}
	施工现场路况和场地情况 C_{43}
技术风险 B_5	构件吊装技术 C_{51}
	构件组装技术 C_{52}

(4)目标函数具体化

①风险指标权重的确定。

虽然因素集经过约简因素明显减少，但不同指标对于安全风险控制的重要性不同，不能完全平等地对待需要解决的每一个风险指标，因此采用层次分析法对风险指标的权重进行确定。

构造判断矩阵如表 6.3-3 所示。

表 6.3-3 $A-B$ 判断矩阵

A	B_1	B_2	B_3	B_4	B_5
B_1	1	2	5	7	3
B_2	1/2	1	4	6	2
B_3	1/5	1/4	1	2	1/2
B_4	1/7	1/6	1/2	1	1/3
B_5	1/3	1/2	2	3	1

采用和积法进行特征根及特征向量计算，如表 6.3-4 所示。

表 6.3-4 和积计算法

	判断矩阵数量					每列归一化					相加	归一化	相乘
A	B_1	B_2	B_3	B_4	B_5	$\overline{B_1}$	$\overline{B_2}$	$\overline{B_3}$	$\overline{B_4}$	$\overline{B_5}$	$\sum \overline{B_i}$	W	BW
B_1	1.00	2.00	5.00	7.00	3.00	0.46	0.51	0.40	0.37	0.44	2.18	0.44	2.20
B_2	0.50	1.00	4.00	6.00	2.00	0.23	0.26	0.32	0.32	0.29	1.41	0.28	1.42
B_3	0.20	0.25	1.00	2.00	0.50	0.09	0.06	0.08	0.11	0.07	0.41	0.08	0.41
B_4	0.14	0.17	0.50	1.00	0.33	0.07	0.04	0.04	0.05	0.05	0.25	0.05	0.25
B_5	0.33	0.50	2.00	3.00	1.00	0.15	0.13	0.16	0.16	0.15	0.75	0.15	0.75
相加	2.18	3.92	12.50	19.00	6.83	1.00	1.00	1.00	1.00	1.00	5.00	1.00	—

进行一致性检验，最大特征根与一致性检验指标计算如下：

$$\lambda_{\max} = \frac{1}{n}\sum_{i=1}^{m}\frac{(BW)_i}{W_i} = \frac{1}{5} \times \left(\frac{2.20}{0.44} + \frac{1.42}{0.28} + \frac{0.41}{0.08} + \frac{0.25}{0.05} + \frac{0.75}{0.15}\right) = 5.04$$

(6.3-7)

$$CI = \frac{\lambda_{\max} - n}{n - 1} = 0.01$$ (6.3-8)

当 n 为 5 时，$RI = 1.12$，$CR = CI/RI = 0.0089 < 0.1$，具有较好的一致性。

同理，计算出 $B - C$ 的隶属度，最终得出的总层次排序如表 6.3-5 所示。

表 6.3-5 总层次排序表

	B_1 (0.44)	B_2 (0.28)	B_3 (0.08)	B_4 (0.05)	B_5 (0.15)	总排序
C_{13}	0.54	0.00	0.00	0.00	0.00	0.238
C_{14}	0.16	0.00	0.00	0.00	0.00	0.070

表6.3-5(续)

	B_1 (0.44)	B_2 (0.28)	B_3 (0.08)	B_4 (0.05)	B_5 (0.15)	总排序
C_{17}	0.30	0.00	0.00	0.00	0.00	0.132
C_{21}	0.00	0.70	0.00	0.00	0.00	0.196
C_{24}	0.00	0.21	0.00	0.00	0.00	0.059
C_{25}	0.00	0.09	0.00	0.00	0.00	0.025
C_{32}	0.00	0.00	0.28	0.00	0.00	0.022
C_{33}	0.00	0.00	0.63	0.00	0.00	0.050
C_{35}	0.00	0.00	0.09	0.00	0.00	0.007
C_{42}	0.00	0.00	0.00	0.25	0.00	0.013
C_{43}	0.00	0.00	0.00	0.75	0.00	0.038
C_{51}	0.00	0.00	0.00	0.00	0.33	0.050
C_{52}	0.00	0.00	0.00	0.00	0.67	0.100

② 安全水平函数拟合。

关于拟合函数的选择有许多,如指数函数、线性函数、最小二乘拟合函数等。由于拟合曲线处于曲线中偏向线性的阶段,因此采用统计学中的最小二乘方法假设拟合函数。

设模型的拟合函数为:

$$y = f(x) = \beta_0 + \beta_1 x \tag{6.3-9}$$

根据最小二乘原理,其中 β_0 和 β_1 的解如下,$\bar{x}$ 和 $\bar{y}$ 为样本平均数:

$$\beta_1 = \frac{n \sum x_i y_i - \sum x_i \sum y_i}{n \sum x_i^2 - (\sum x_i)^2} = \frac{\sum x_i y_i}{\sum x_i^2} \tag{6.3-10}$$

$$\beta_0 = \frac{\sum x_i^2 \sum y_i - \sum x_i \sum x_i y_i}{n \sum x_i^2 - (\sum x_i)^2} = \bar{y} - \beta_1 \bar{x} \tag{6.3-11}$$

根据现场情况得知具体项目数据,违章作业指标影响如表 6.3-6 所示。

表 6.3-6 违章作业成本投入与安全水平表

成本投入 x/万元	安全水平 y	x^2	xy
60.000	0.784	3600.000	47.040
62.000	0.804	3844.000	49.848
64.000	0.824	4096.000	52.736
66.000	0.844	4356.000	55.704
$\sum x = 252.000$	$\sum y = 3.256$	$\sum x^2 = 15896.000$	$\sum xy = 205.328$

通过表 6.3-6 计算得知拟合函数为 $y_{13} = f(x_{13}) = 0.0129 x_{13} + 0.0002$。

同理，疲劳施工成本投入和安全水平见表 6.3-7。

表 6.3-7 疲劳施工成本投入与安全水平表

成本投入 x/万元	安全水平 y	x^2	xy
15.500	0.784	240.250	12.152
16.500	0.804	272.250	13.266
17.500	0.824	306.250	14.420
18.500	0.844	342.250	15.614
$\sum x = 68.000$	$\sum y = 3.256$	$\sum x^2 = 1161.000$	$\sum xy = 55.452$

通过表 6.3-7 计算得知拟合函数为 $y_{14} = f(x_{14}) = 0.0478x_{14} + 0.0021$。

施工人员对现场的熟悉程度成本投入和安全水平见表 6.3-8。

表 6.3-8 施工人员对现场的熟悉程度成本投入与安全水平表

成本投入 x/万元	安全水平 y	x^2	xy
2.000	0.784	4.000	1.568
2.500	0.804	6.250	2.010
3.000	0.824	9.000	2.472
3.500	0.844	12.250	2.954
$\sum x = 11.000$	$\sum y = 3.256$	$\sum x^2 = 31.500$	$\sum xy = 9.004$

通过表 6.3-8 计算得知拟合函数为 $y_{17} = f(x_{17}) = 0.2858x_{17} + 0.0279$。

构件出厂质量成本投入和安全水平见表 6.3-9。

表 6.3-9 构件出厂质量成本投入与安全水平表

成本投入 x/万元	安全水平 y	x^2	xy
8.500	0.784	72.250	6.664
9.500	0.804	90.250	7.638
10.500	0.824	110.250	8.652
11.500	0.844	132.250	9.706
$\sum x = 40.000$	$\sum y = 3.256$	$\sum x^2 = 405.000$	$\sum xy = 32.660$

通过表 6.3-9 计算得知拟合函数为 $y_{21} = f(x_{21}) = 0.0806x_{21} + 0.0075$。

机械设备的选择成本投入和安全水平见表 6.3-10。

表 6.3-10 机械设备的选择成本投入与安全水平表

成本投入 x/万元	安全水平 y	x^2	xy
2.500	0.784	6.250	1.960
3.000	0.804	9.000	2.412
3.500	0.824	12.250	2.884
4.000	0.844	16.000	3.376
$\sum x = 13.000$	$\sum y = 3.256$	$\sum x^2 = 43.500$	$\sum xy = 10.632$

通过表 6.3-10 计算得知拟合函数为 $y_{24} = f(x_{24}) = 0.2444x_{24} + 0.0197$。

施工机械保养及维修成本投入和安全水平见表 6.3-11。

表 6.3-11　施工机械保养及维修成本投入与安全水平表

成本投入 x /万元	安全水平 y	x^2	xy
1.500	0.784	2.250	1.176
1.800	0.804	3.240	1.447
2.200	0.824	4.840	1.813
2.600	0.844	6.760	2.194
$\sum x = 8.100$	$\sum y = 3.256$	$\sum x^2 = 17.090$	$\sum xy = 6.630$

通过表 6.3-11 计算得知拟合函数为 $y_{25} = f(x_{25}) = 0.3880x_{25} + 0.0284$。

预制构件现场堆放管理成本投入和安全水平见表 6.3-12。

表 6.3-12　预制构件现场堆放管理成本投入与安全水平表

成本投入 x /万元	安全水平 y	x^2	xy
0.600	0.784	0.360	0.470
1.000	0.804	1.000	0.804
1.200	0.824	1.440	0.989
2.000	0.844	4.000	1.688
$\sum x = 4.800$	$\sum y = 3.256$	$\sum x^2 = 6.800$	$\sum xy = 3.951$

通过表 6.3-12 计算得知拟合函数为 $y_{32} = f(x_{32}) = 0.5811x_{32} + 0.1167$。

安全教育和培训成本投入和安全水平见表 6.3-13。

表 6.3-13　安全教育和培训成本投入与安全水平表

成本投入 x /万元	安全水平 y	x^2	xy
3.500	0.784	12.250	2.744
3.800	0.804	14.440	3.055
4.100	0.824	16.810	3.378
4.400	0.844	19.360	3.714
$\sum x = 15.800$	$\sum y = 3.256$	$\sum x^2 = 62.860$	$\sum xy = 12.891$

通过表 6.3-13 计算得知拟合函数为 $y_{33} = f(x_{33}) = 0.2051x_{33} + 0.0039$。

安全标志的放置成本投入和安全水平见表 6.3-14。

表 6.3-14　安全标志的放置成本投入与安全水平表

成本投入 x /万元	安全水平 y	x^2	xy
0.160	0.784	0.026	0.125
0.240	0.804	0.058	0.193
0.320	0.824	0.102	0.264

表6.3-14(续)

成本投入 x/万元	安全水平 y	x^2	xy
0.400	0.844	0.160	0.338
$\sum x = 1.120$	$\sum y = 3.256$	$\sum x^2 = 0.346$	$\sum xy = 0.920$

通过表6.3-14计算得知拟合函数为 $y_{35} = f(x_{35}) = 2.6611x_{35} + 0.0689$。

同理，施工气候条件成本投入和安全水平的拟合函数为 $y_{42} = f(x_{42}) = 0.5493x_{42} + 0.1273$；施工现场路况和场地成本投入和安全水平的拟合函数为 $y_{43} = f(x_{43}) = 0.0153x_{43} - 0.0001$；构件吊装技术成本投入和安全水平的拟合函数为 $y_{51} = f(x_{51}) = 0.0070x_{51} + 0.0055$；构件组装技术成本投入和安全水平的拟合函数为 $y_{52} = f(x_{52}) = 0.0071x_{52} - 0.0041$。

根据上述拟合函数，并运用层次分析法确定权重，得到具体的目标函数为：

$$
\begin{aligned}
\max Z &= a_{13}f(x_{13}) + a_{14}f(x_{14}) + a_{17}f(x_{17}) + a_{21}f(x_{21}) + a_{24}f(x_{24}) + a_{25}f(x_{25}) + \\
&\quad a_{32}f(x_{32}) + a_{33}f(x_{33}) + a_{35}f(x_{35}) + a_{42}f(x_{42}) + a_{43}f(x_{43}) + \\
&\quad a_{51}f(x_{51}) + a_{52}f(x_{52}) \\
&= 0.238 \times (0.0129x_{13} + 0.0002) + 0.07 \times (0.0478x_{14} + 0.0021) + \\
&\quad 0.132 \times (0.2858x_{17} + 0.0279) + 0.196 \times (0.0806x_{21} + 0.0075) + \\
&\quad 0.059 \times (0.2444x_{24} + 0.0197) + 0.025 \times (0.3880x_{25} + 0.0284) + \\
&\quad 0.022 \times (0.5811x_{32} + 0.1167) + 0.05 \times (0.2051x_{33} + 0.0039) + \\
&\quad 0.007 \times (2.6611x_{35} + 0.0689) + 0.013 \times (0.5493x_{42} + 0.1273) + \\
&\quad 0.038 \times (0.0153x_{43} - 0.0001) + 0.05 \times (0.0070x_{51} + 0.0055) + \\
&\quad 0.1 \times (0.0071x_{52} - 0.0041)
\end{aligned}
\tag{6.3-12}
$$

(5)约束条件的具体化

该项目施工过程中，总成本投入不超过370万元，人的因素不超过90万元，设备及材料的因素不超过30万元，管理因素不超过10万元，环境因素不超过60万元，技术因素不超过230万元。

因此，约束条件为：

$$x_1 + x_2 + x_3 + x_4 + x_5 \leqslant 370.000 \tag{6.3-13}$$

$$x_1 \leqslant 90.000 \tag{6.3-14}$$

$$x_2 \leqslant 30.000 \tag{6.3-15}$$

$$x_3 \leqslant 10.000 \tag{6.3-16}$$

$$x_4 \leqslant 60.000 \tag{6.3-17}$$

$$x_5 \leqslant 230.000 \tag{6.3-18}$$

$$x_{13} + x_{14} + x_{17} \leqslant x_1 \tag{6.3-19}$$

$$x_{21} + x_{24} + x_{25} \leqslant x_2 \tag{6.3-20}$$

$$x_{32} + x_{33} + x_{35} \leqslant x_3 \tag{6.3-21}$$

$$x_{42} + x_{43} \leqslant x_4 \qquad (6.3-22)$$

$$x_{51} + x_{52} \leqslant x_5 \qquad (6.3-23)$$

$$60.000 \leqslant x_{13} \leqslant 66.000 \qquad (6.3-24)$$

$$15.500 \leqslant x_{14} \leqslant 18.500 \qquad (6.3-25)$$

$$2.000 \leqslant x_{17} \leqslant 3.500 \qquad (6.3-26)$$

$$8.500 \leqslant x_{21} \leqslant 11.500 \qquad (6.3-27)$$

$$2.500 \leqslant x_{24} \leqslant 4.000 \qquad (6.3-28)$$

$$1.500 \leqslant x_{25} \leqslant 3.95 \qquad (6.3-29)$$

$$0.600 \leqslant x_{32} \leqslant 2.000 \qquad (6.3-30)$$

$$3.500 \leqslant x_{33} \leqslant 4.400 \qquad (6.3-31)$$

$$0.160 \leqslant x_{35} \leqslant 0.400 \qquad (6.3-32)$$

$$0.500 \leqslant x_{42} \leqslant 2.000 \qquad (6.3-33)$$

$$51.750 \leqslant x_{43} \leqslant 54.750 \qquad (6.3-34)$$

$$100.000 \leqslant x_{51} \leqslant 130.000 \qquad (6.3-35)$$

$$112.500 \leqslant x_{52} \leqslant 115.500 \qquad (6.3-36)$$

(6) 优化模型的求解

利用 Lingo 软件对目标函数基于上述约束条件求解,经过优化后的安全水平为 0.8904。最优风险控制投入方案如表 6.3-15 所示。

表 6.3-15　最优风险控制投入方案

一级风险类别投入	金额/万元	二级风险指标投入	金额/万元
人的风险控制总投入 x_1	79	违章作业控制投入 x_{13}	60
		疲劳施工控制投入 x_{14}	15.5
		施工人员对现场的熟悉程度投入 x_{17}	3.5
设备及材料风险控制总投入 x_2	19.45	构件出厂质量投入 x_{21}	11.5
		机械设备的选择投入 x_{24}	4
		施工机械保养及维修投入 x_{25}	3.95
管理风险控制总投入 x_3	6.8	预制构件现场堆放管理投入 x_{32}	2
		安全教育和培训投入 x_{33}	4.4
		安全标志的放置投入 x_{35}	0.4
环境风险控制总投入 x_4	52.25	施工气候条件投入 x_{42}	0.5
		施工现场路况和场地投入 x_{43}	51.75
技术风险控制总投入 x_5	212.5	构件吊装技术投入 x_{51}	100
		构件组装技术投入 x_{52}	112.5

各项一级风险类别投入分别为:人的风险控制总投入 79 万元,设备及材料风险控制总投入 19.45 万元,管理风险控制总投入 6.8 万元,环境风险控制总投入 52.25 万元,技

术风险控制总投入 212.5 万元。

各项二级风险指标投入分别为：违章作业控制投入 60 万元、疲劳施工控制投入 15.5 万元、施工人员对现场的熟悉程度投入 3.5 万元、构件出厂的质量投入 11.5 万元、机械设备的选择投入 4 万元、施工机械保养及维修投入 3.95 万元、预制构件现场堆放管理投入 2 万元、安全教育和培训投入 4.4 万元、安全标志的放置投入 0.4 万元、施工气候条件投入 0.5 万元、施工现场路况和场地投入 51.75 万元、构件吊装技术投入 100 万元、构件组装技术投入 112.5 万元。

6.3.2 安全水平导向类优化模型二

（1）优化模型的变量与参数设定

n：装配式建筑的施工过程数；

m：装配式建筑费用种类的数量；

i：装配式建筑施工过程，依次为施工准备、构件供应、构件安装；

j：费用种类，依次为人工费用、管理费用、材料费用、机械设备费用、现场环境管理费用；

a_j：各项费用权重，其中 $\sum_{j=1}^{m} a_j = 1$；

x_{ij}：第 i 个施工过程中 j 项费用所投入的额度，其中 $x_{1j} + x_{2j} + x_{3j} = x_j$；

$f(x_j)$：投入-安全函数，即第 j 项费用投入额度 x_j 所形成的安全水平；

a_{ij}：第 i 个施工过程中第 j 项费用所占的权重，其中 $\sum_{i=1}^{n} a_{ij} = 1$；

c_i：第 i 个施工过程最大投入值；

r_j：第 j 项费用最大投入额度。

（2）优化模型的构建

在优化模型的问题描述与变量、参数的设定工作完后之后，运用数学规划理论，根据实际工程中资源投入与安全的关系，建立装配式施工阶段安全风险优化控制模型，具体如下：

$$\max z = \sum_{j=1}^{m} a_j f(x_j) \tag{6.3-37}$$

$$\text{s.t.} \quad \sum_{j=1}^{m} a_{ij} x_{ij} \leqslant c_j \quad i = 1, 2, \cdots, n \tag{6.3-38}$$

$$q_{\min}^{(1)} \leqslant x_1 / (x_1 + x_3 + x_4) \leqslant q_{\max}^{(1)} \tag{6.3-39}$$

$$q_{\min}^{(3)} \leqslant x_3 / (x_1 + x_3 + x_4) \leqslant q_{\max}^{(3)} \tag{6.3-40}$$

$$\sum_{i=1}^{n} x_{ij} \leqslant r_j \quad j = 1, 2, \cdots, m \tag{6.3-41}$$

其中，式（6.3-37）为目标函数，表示装配式建筑施工达到的安全水平，大于 1 说明安全水平有所提高，反之则下降；式(6.3-38)表示每项费用在各个施工阶段总和的最大值；式(6.3-39)和式(6.3-40)根据实际项目经验推算人工费、材料费占直接工程费的比例区间；约束条件(6.3-41)表示每项费用最大投入额度。

(3)优化模型目标函数的具体化

采用统计分析中的最小二乘法对每项费用的投入-安全函数进行拟合，实现投入-安全函数具体化的函数关系式。得到人工成本投入-安全函数为：$y_1 = 0.0017 x_1 + 0.8124$，即 $f(x_1) = 0.0017 x_1 + 0.8124$。管理成本投入和安全水平函数：$f(x_2) = 0.0017 x_2 + 0.8363$。材料成本投入和安全水平函数 $f(x_3) = 0.005 x_3 - 1.7679$。机械设备成本投入和安全水平函数：$f(x_4) = 0.0025 x_4 + 0.7479$。环境成本投入和安全水平函数：$f(x_5) = 0.005 x_5 + 0.9459$。

由以上的五个成本投入-安全函数，建立该项目安全优化模型具体化的目标函数，具体如下：

$$\begin{aligned} \max z = &\alpha_1 f(x_1) + a_2 f(x_2) + a_3 f(x_3) + a_4 f(x_4) + a_5 f(x_5) \\ = &0.42 \times (0.0017 x_1 + 0.8124) + 0.2 \times (0.0017 x_2 + 0.8363) + \\ &0.16 \times (0.005 x_3 - 1.7679) + 0.10 \times (0.0025 x_4 + 0.7479) + \\ &0.06 \times (0.005 x_5 + 0.9459) \end{aligned} \tag{6.3-42}$$

(4)约束条件的具体化

该项目主体施工准备阶段最大额度为220.7206万元，构件供应阶段为718.8650万元，构件安装阶段为260.5810万元。五项成本费用分别设为 x_1，x_2，x_3，x_4 和 x_5。各项费用所占各个施工过程投入的比例如表6.3-16所示。

表6.3-16　各项费用所占比例

费用类别	施工准备	构件供应	构件安装
人工费	0.30	0.15	0.55
管理费	0.35	0.32	0.33
材料费	0.13	0.69	0.18
机械设备费	0.20	0.25	0.55
环境费	0.64	0.19	0.17

在五项成本费用的分配中，每项费用有最大的投入额度，其中，人工费为200.5778万元，管理费用为100.2069万元，材料费为600.5726万元，机械设备费用为150.8497万元，环境费用为12.8206万元。

根据以上描述，约束条件具体化为：

$$0.30 x_{11} + 0.35 x_{12} + 0.13 x_{13} + 0.20 x_{14} + 0.64 x_{15} \leqslant 220.7206 \tag{6.3-43}$$

$$0.15 x_{21} + 0.32 x_{22} + 0.69 x_{23} + 0.25 x_{24} + 0.19 x_{25} \leqslant 718.8650 \tag{6.3-44}$$

$$0.55 x_{31} + 0.33 x_{32} + 0.18 x_{33} + 0.55 x_{34} + 0.17 x_{35} \leqslant 260.5810 \tag{6.3-45}$$

$$0.1 \leqslant \frac{x_{11} + x_{21} + x_{31}}{x_{11} + x_{21} + x_{31} + x_{13} + x_{23} + x_{33} + x_{14} + x_{24} + x_{34}} \leqslant 0.18 \quad (6.3-46)$$

$$0.6 \leqslant \frac{x_{13} + x_{23} + x_{33}}{x_{11} + x_{21} + x_{31} + x_{13} + x_{23} + x_{33} + x_{14} + x_{24} + x_{34}} \leqslant 0.80 \quad (6.3-47)$$

$$x_{11} + x_{21} + x_{31} \leqslant 200.5778 \quad (6.3-48)$$

$$x_{12} + x_{22} + x_{32} \leqslant 100.2069 \quad (6.3-49)$$

$$x_{13} + x_{23} + x_{33} \leqslant 600.5726 \quad (6.3-50)$$

$$x_{14} + x_{24} + x_{34} \leqslant 150.8497 \quad (6.3-51)$$

$$x_{15} + x_{25} + x_{35} \leqslant 12.8206 \quad (6.3-52)$$

(5)优化模型的求解

利用 Lingo 软件对优化模型进行优化运算，求解结果如下：

$(x_{11} , x_{21} , x_{31} , x_{12} , x_{22} , x_{32} , x_{13} , x_{23} , x_{33} , x_{14} , x_{24} , x_{34} , x_{15} , x_{25} , x_{35})^{\mathrm{T}} =$
$(66.8592 , 66.8592 , 66.8592 , 50.1593 , 25.0237 , 25.0237 , 598.3871 , 0.1854 , 2.0000 ,$
$0.1854 , 0.1854 , 150.4788 , 4.2735 , 4.2735 , 4.2735)^{\mathrm{T}}$，最优目标函数值 $z = 1.10$。

$x_{11} + x_{21} + x_{31} = 200.5776$ 万元，人工费用为 200.5776 万元。

$x_{12} + x_{22} + x_{32} = 100.2067$ 万元，管理费用为 100.2067 万元。

$x_{13} + x_{23} + x_{33} = 600.5725$ 万元，材料费用为 600.5725 万元。

$x_{14} + x_{24} + x_{34} = 150.8496$ 万元，机械设备费用为 150.8496 万元。

$x_{15} + x_{25} + x_{35} = 12.8205$ 万元，环境费用为 12.8205 万元。

根据求解结果，在五项成本费用的约束条件下，通过合理分配每个施工过程中的五项成本费用，达到安全水平最大，即目标函数值为 1.10，安全水平提高了 10%。安全管理水平有了明显提高，资源投入和安全改进结果都比较到位。

6.3.3 安全水平导向类优化模型三

(1)模型构建参数与变量设定

N：表示一级风险指标数量；

n：表示每个一级风险指标下的二级风险指标数量；

w_i：表示一级风险指标 i 的权重值；

w_{ij}：表示一级风险指标 i 下二级风险指标 j 的权重值；

x_{ij}：表示控制风险因素 V_{ij} 的资金投入；

$f(x_{ij})$：表示资金投入与安全提升水平之间的关系，$0 \leqslant f(x_{ij}) \leqslant 1$，$f(x_{ij})$ 越大，安全水平越高；

c_{ij0}：表示单个风险指标投入资金下限；

c_{ij1}：表示单个风险指标投入资金上限；

C_i：一级指标 U_i 投入资金总额；

$\varphi_i^{(j, k)}$：表示一级风险指标 i 下具有两风险因素投入和限制的风险因素集合；

$h_{i0}^{(j, k)}$：表示一级风险指标 i 下具有两风险因素 j，k 投入之和的下限；

$h_{i1}^{(j, k)}$：表示一级风险指标 i 下具有两风险因素 j，k 投入之和的上限。

（2）模型目标函数与约束条件建立

建立如下装配式建筑施工安全风险控制投入优化模型：

$$\max z = \sum_i^N w_i z_i = \sum_i^N w_i \left[\sum_{j=1}^n w_{ij} f(x_{ij}) \right] \tag{6.3-53}$$

$$\text{s.t.} \quad 0 \leqslant \sum_{j=1}^n x_{ij} \leqslant C_i \quad i = 1, 2, \cdots, N \tag{6.3-54}$$

$$c_{ij0} \leqslant x_{ij} \leqslant c_{ij1} \quad i = 1, 2, \cdots, N; j = 1, 2, \cdots, n \tag{6.3-55}$$

$$h_{i0}^{(j, k)} \leqslant \sum_{j, k \in \varphi_i^{(j, k)}} x_{ij} \leqslant h_{i1}^{(j, k)} \quad i = 1, 2, \cdots, N \tag{6.3-56}$$

式（6.3-53）表示针对三个一级风险因素投入的最大资金的目标函数；式（6.3-54）表示一级指标投入资金总额界限；式（6.3-55）表示各级风险指标的资金界限；式（6.3-56）表示两个风险因素的控制投入之和的限制范围。

（3）目标函数的具体化

针对施工环境、人的安全意识水平、管理行为进行优化分析，将 $f(x_{ij})$ 的关系表达式具体化，运用数理统计方法进行拟合。管理制度和安全提升水平之间关系拟合得到线性回归方程 $f(x_{11}) = 0.04x_{11} - 1.3126$。安全文化传播与安全提升水平之间关系拟合得到线性回归方程 $f(x_{12}) = 0.4x_{12} - 1.292$。奖惩制度与安全提升水平之间关系拟合得到线性回归方程 $f(x_{13}) = 0.4x_{13} + 0.2449$。施工人员文化水平与安全提升水平之间关系拟合得到线性回归方程 $f(x_{21}) = 0.4x_{21} - 0.1001$。施工人员专业技能水平与安全提升水平关系拟合得到线性回归方程 $f(x_{22}) = 0.4x_{22} + 0.2559$。施工人员心理及生理状态与安全提升水平之间关系拟合得到线性回归方程 $f(x_{23}) = 0.4x_{23} + 0.4927$。现场场地条件与安全提升水平之间关系拟合得到线性回归方程 $f(x_{31}) = 0.04x_{31} - 3.6319$。材料堆放场地条件与安全提升水平之间关系拟合得到线性回归方程 $f(x_{32}) = 0.04x_{32} - 0.9338$。现场生活区条件与安全提升水平之间关系拟合得到线性回归方程 $f(x_{33}) = 0.04x_{33} - 0.0538$。

根据风险指标权重的计算，管理行为的权重为 0.6205，人的安全意识水平的权重为 0.2286，施工环境权重为 0.0998。将其重新归一化（用每个数除以它们之和），得到权重系数分别为 0.65、0.24 和 0.11。

通过以上数学关系的描述，构造最终的目标函数。

$$
\begin{aligned}
z_1 &= w_{11} f(x_{11}) + w_{12} f(x_{12}) + w_{13} f(x_{13}) \\
&= 0.6369 \times (0.04x_{11} - 1.3126) + 0.2582 \times (0.4x_{12} - 1.292) + \\
&\quad 0.1047 \times (0.4x_{13} + 0.2449)
\end{aligned} \tag{6.3-57}
$$

$$
\begin{aligned}
z_2 &= w_{21} f(x_{21}) + w_{22} f(x_{22}) + w_{23} f(x_{23}) \\
&= 0.1047 \times (0.4x_{21} - 0.1001) + 0.6369 \times (0.4x_{22} + 0.2559) +
\end{aligned}
$$

$$0.2584 \times (0.4x_{23} + 0.4927) \tag{6.3-58}$$

$$z_3 = w_{31}f(x_{31}) + w_{32}f(x_{32}) + w_{33}f(x_{33})$$
$$= 0.7306 \times (0.04x_{31} - 3.6319) + 0.1883 \times (0.04x_{32} - 0.9338) +$$
$$0.081(0.04x_{33} - 0.0538) \tag{6.3-59}$$

$$\max z = 0.65z_1 + 0.24z_2 + 0.11z_3 \tag{6.3-60}$$

(4)约束条件的具体化

项目在施工过程中，在管理制度上投入的费用不超过 58.2378 万元，安全文化传播及警示宣传片制作上不超过 6.435 万元，现场奖惩制度奖金设置不超过 2.373 万元，在管理行为上总的资金投入不超过 69.0458 万元。其中管理制度与安全文化传播及警示宣传片制作的总资金投入不超过 65.1728 万元，管理制度与现场奖惩制度奖金设置的总资金投入不超过 61.1108 万元。施工人员文化水平投入的费用不超过 2.9149 万元，施工人员专业技能投入的费用不超过 2.1529 万元，施工人员心理及生理状态投入的费用不超过 1.1339 万元，在人的安全意识水平上总的资金投入不超过 8.2017 万元。其中施工人员文化水平投入与施工人员专业技能投入的总费用不超过 6.0118 万元，施工人员文化水平投入与施工人员心理及生理状态投入的总费用不超过 4.8488 万元。现场场地条件投入的费用不超过 115.4561 万元，材料堆放场地条件投入的费用不超过 46.0022 万元，现场生活区条件投入的费用不超过 25.0022 万元，在施工环境上总的资金投入不超过 188.4605 万元。其中现场场地条件与材料堆放场地条件投入的总费用不超过 161.9893 万元，现场场地条件投入与现场生活区条件投入的总费用不超过 141.1583 万元。

约束条件具体化为：

$$0 \leqslant \sum_{j=1}^{3} x_{1j} \leqslant 69.0458 \tag{6.3-61}$$

$$0 \leqslant \sum_{j=1}^{3} x_{2j} \leqslant 8.2071 \tag{6.3-62}$$

$$0 \leqslant \sum_{j=1}^{3} x_{3j} \leqslant 188.4605 \tag{6.3-63}$$

$$50.2983 \leqslant x_{11} \leqslant 58.4398 \tag{6.3-64}$$

$$5.0011 \leqslant x_{12} \leqslant 6.7361 \tag{6.3-65}$$

$$1.0535 \leqslant x_{13} \leqslant 2.5732 \tag{6.3-66}$$

$$2.0159 \leqslant x_{21} \leqslant 3.0149 \tag{6.3-67}$$

$$1.0259 \leqslant x_{22} \leqslant 2.3529 \tag{6.3-68}$$

$$0.4339 \leqslant x_{23} \leqslant 1.3349 \tag{6.3-69}$$

$$108.4561 \leqslant x_{31} \leqslant 115.4561 \tag{6.3-70}$$

$$41.0022 \leqslant x_{32} \leqslant 46.2372 \tag{6.3-71}$$

$$19.0022 \leqslant x_{33} \leqslant 25.3324 \tag{6.3-72}$$

$$55.2994 \leqslant x_{11} + x_{12} \leqslant 65.1728 \tag{6.3-73}$$

$$51.3518 \leqslant x_{11} + x_{13} \leqslant 61.1108 \tag{6.3-74}$$

$$3.0418 \leqslant x_{21} + x_{22} \leqslant 6.0118 \tag{6.3-75}$$

$$2.4498 \leqslant x_{21} + x_{23} \leqslant 4.8488 \tag{6.3-76}$$

$$149.4583 \leqslant x_{31} + x_{32} \leqslant 161.9893 \tag{6.3-77}$$

$$127.4583 \leqslant x_{31} + x_{33} \leqslant 141.1583 \tag{6.3-78}$$

（5）模型的求解

输入到 Lingo 中进行求解，可得安全管理制度投入 53.2378 万元，安全文化传播投入 6.435 万元，奖惩制度投入 2.373 万元，施工人员文化水平投入 2.9149 万元，施工人员专业技能水平投入 2.1529 万元，施工人员心理及生理状态投入 1.1339 万元，现场场地条件投入 115.4561 万元，材料堆放场地条件投入 46.0022 万元，现场生活区条件投入 25.0022 万元时，施工现场安全事故发生概率最低。

6.3.4　安全水平导向类优化模型四

（1）优化模型变量与参数设置

n：表示一级指标风险因素的数量；

m：表示二级指标风险因素的数量；

a_{ij}：表示一级指标风险因素 i 下的二级指标的权重，$\sum\limits_{j=1}^{m} a_{ij} = 1 (j = 1, 2, \cdots, m)$；

a_i：表示第 i 个一级指标风险因素的权重，$\sum\limits_{i=1}^{n} a_i = 1 (i = 1, 2, \cdots, n)$；

x_{ij}：表示某一风险控制因素的投入；

$f(x_{ij})$：表示投入与安全关系函数，$0 \leqslant f(x_{ij}) \leqslant 1$，$f(x_{ij})$ 越大，安全水平越高；

b_{ij0}：表示单个风险因素投入的下限；

b_{ij1}：表示单个风险因素投入的上限；

B_i：表示控制一级指标 i 风险可投入资金总额；

A_i：表示权重加和后的投入资金额；

C_i：表示 p 个评价指标投入的资金；

α：表示风险因素关系系数；

ϕ_1：表示主要施工要素构成风险因素集；

ϕ_2：表示次要施工要素构成风险因素集；

ϕ_3：表示需要控制其最小投入值的风险因素集；

ϕ_4：表示需要控制其最大投入值的风险因素集；

ϕ_5：表示作为参照的风险因素集；

ϕ_6：表示风险因素的关联集。

（2）模型的构建

① 投入与安全关系函数拟合。

考虑投入要素与装配式建筑施工安全之间存在非线性关系，这里采用指数函数进行拟合。设 $f(x_{ij}) = b_0 e^{b_1 x_{ij}}$ ，运用统计学方法，统计出投入与安全水平的一一对应的数值，利用散点图进行拟合，选择指数函数即可得到函数 $f(x_{ij})$ 与变量 x_{ij} 间的关系式。

② 优化模型具体构建。

构建装配式建筑施工安全风险优化模型，具体如下：

$$\max Z_i = \prod_{j=1}^{m} f(x_{ij})^{a_{ij}} \quad i = 1, 2, \cdots, n \tag{6.3-79}$$

$$\text{s.t.} \quad 0 \leqslant \sum_{j=1}^{m} x_{ij} \leqslant B_i \quad i = 1, 2, \cdots, n \tag{6.3-80}$$

$$0 \leqslant \sum_{j=1}^{m} a_{ij} x_{ij} \leqslant A_i \quad i = 1, 2, \cdots, n \tag{6.3-81}$$

$$b_{ij0} \leqslant x_{ij} \leqslant b_{ij1} \quad i = 1, 2, \cdots, n; j = 1, 2, \cdots, m \tag{6.3-82}$$

$$\sum_{j \in \phi_1} x_{ij} \geqslant \sum_{j \in \phi_2} x_{ij} \quad i = 1, 2, \cdots, n; j = 1, 2, \cdots, m \tag{6.3-83}$$

$$\sum_{j \in \phi_3} x_{ij} \geqslant C_1 \tag{6.3-84}$$

$$\sum_{j \in \phi_4} x_{ij} \leqslant C_2 \tag{6.3-85}$$

$$\frac{x_{ij(1)}}{x_{ij(0)}} \geqslant \alpha \quad j^{(0)} \in \phi_5; j^{(1)} \in \phi_6 \tag{6.3-86}$$

其中，式（6.3-79）为目标函数，表示安全水平最高，$f(x_{ij})$ 表示投入与安全水平的关系式，a_{ij} 表示各二级指标的权重；式（6.3-80）表示控制一级指标 i 风险可投入资金的总额不能超过预算的最大值；式（6.3-81）表示一级指标下的各风险投入加权和不能超过给出的资金限额；式（6.3-82）表示单个风险因素投入资金的范围；式（6.3-83）表示各个风险因素集投入资金总额之间的关系；式（6.3-84）表示几个风险因素投入资金总额的下限；式（6.3-85）表示几个风险因素投入资金总额的上限；式（6.3-86）表示两个相关风险因素投入之比不能超过一定的比例。

（3）实例分析与求解

① 实例分析。

丽水新城三期项目占地面积 0.0437 km²，总建筑面积 0.0692 km²。其中 3 号～9 号楼采用装配式建筑建设，主要针对 7 号楼施工过程进行研究，建筑面积为 0.0081 km²。经过前期对丽水新城三期项目施工安全风险评价，结果显示，人的风险和物的风险等级比较高，因此，针对人的风险和物的风险进行优化分析，其中人的风险主要包括安全意识及责任心（x_{11}）、从业资格及教育培训（x_{12}）、安全奖励设置（x_{13}）、施工技术水平（x_{14}），物的风险主要包括临时支撑牢固程度(x_{21})、设备选择及维护合理性(x_{22})、预制构件强度(x_{23})、预制构件精度(x_{24})、作业平台安全性(x_{25})。

② 目标函数拟合。

将 $f(x_{ij})$ 投入与安全函数关系式具体化，人员风险中单个风险因素投入与安全水平的相关数据如表 6.3-17 所示，运用统计学方法，采用指数函数进行拟合。得到人员风险中单个风险因素投入与安全水平的拟合函数的表达式分别为 $f(x_{11}) = 0.0594 \mathrm{e}^{0.0492x_{11}}$，$f(x_{12}) = 0.163 \mathrm{e}^{0.4921x_{12}}$，$f(x_{13}) = 0.3823 \mathrm{e}^{0.4921x_{13}}$，$f(x_{14}) = 0.0034 \mathrm{e}^{0.0492x_{14}}$。

表 6.3-17　人员风险中单个风险因素投入与安全水平

x_{11}/万元	x_{12}/万元	x_{13}/万元	x_{14}/万元	$f(x_{1j})$
51.4723	3.0958	1.3635	109.4561	0.7563
52.4723	3.1958	1.4635	110.4561	0.7763
53.4723	3.2958	1.5635	111.4561	0.8163
54.4723	3.3958	1.6635	112.4561	0.8763

物的风险中单个风险因素投入与安全水平的相关数据如表 6.3-18 所示，运用统计学方法，采用指数函数进行拟合。得到物的风险中单个风险因素投入与安全水平的拟合函数的表达式分别为 $f(x_{21}) = 0.1636 \mathrm{e}^{0.4921x_{21}}$，$f(x_{22}) = 0.0947 \mathrm{e}^{0.0492x_{22}}$，$f(x_{23}) = 0.0005 \mathrm{e}^{0.0164x_{23}}$，$f(x_{24}) = 0.0005 \mathrm{e}^{0.0164x_{24}}$，$f(x_{25}) = 0.5474 \mathrm{e}^{0.4921x_{25}}$。

表 6.3-18　物的风险中单个风险因素投入与安全水平

x_{21}/万元	x_{22}/万元	x_{23}/万元	x_{24}/万元	x_{25}/万元	$f(x_{2j})$
3.0883	42.0022	448.6940	448.6940	0.6339	0.7563
3.1883	43.0022	451.6940	451.6940	0.7339	0.7763
3.2883	44.0022	454.6940	454.6940	0.8339	0.8163
3.3883	45.0022	457.6940	457.6940	0.9339	0.8763

③ 实例模型求解。

该项目施工过程中，人员素质费用不超过 59.2983 万元，从业资格及教育培训费用不超过 3.8325 万元，安全奖励费用不超过 1.9386 万元，施工技术水平投入费用不超过 120.3965 万元，人的因素投入总费用不超过 172.4659 万元。其中，从业资格及教育培训和安全奖励费用不超过 5.3853 万元，施工技术水平投入和安全奖励费用不超过 113.3984 万元，施工技术水平投入大于其余三项之和，安全奖励费用/从业资格及教育培训费大于等于 0.45。支护设施费用不超过 3.8342 万元，设备选择及维护费用不超过 50.6730 万元，满足预制构件生产强度的投入费用不超过 460.3297 万元；满足预制构件生产精度的投入费用(包含构件生产设备折旧费)不超过 460.3297 万元，平台搭设费用不超过 1.3754 万元，物的因素投入总额不超过 958.5428 万元。其中，支护设施费用不超过 52.3859 万元，支护设施和平台搭设费用不超过 5.0028 万元，满足预制构件生产精度的投入和平台搭设费用不超过 458.9636 万元，满足预测构件生产强度与精度的投入大于其余三项投入之和，满足预制构件生产精度的投入/满足预制构件生产强度的投入大于等于 1。

根据以上条件，构建优化模型，将优化模型输入 Lingo 中进行求解，经过 36 次迭代，结果如表 6.3-19 所示。

表 6.3-19　优化投入资金　　　　　　　　　　　　　　　　　　单位：万元

变量	x_{11}	x_{12}	x_{13}	x_{14}	x_{21}	x_{22}	x_{23}	x_{24}	x_{25}	安全水平
投入	55.62080	3.446700	1.938600	111.4598	3.834200	48.55170	447.1933	457.7950	1.168600	1.270884

对装配式建筑施工安全风险中人的风险目标函数与物的风险目标函数进行整合，优化施工安全投入，使安全水平达到最高，结果符合实际。同时，实现对装配式建筑施工安全的精细化管理，实现对人、财、物等资源的合理配置，有利于降低施工风险，也为今后装配式建筑施工安全风险投入提供科学指导。

6.3.5　安全水平导向类优化模型五

（1）施工安全风险控制问题描述

以上的措施离不开资源的投入。风险控制需要各个方面的资源，资源投入带来收益产出。因此，可以通过风险管理投入的资源来求出风险控制所产生的收益。现实项目中资源可分为三类：人力、物力以及科学技术。建立施工安全控制是装配式建筑施工安全风险管理行之有效的方法。为此，笔者借鉴柯布-道格拉斯生产函数，建立资源约束条件下的风险控制模型，力求解决风险问题。

（2）施工安全生产控制变量与参数设定

模型决策变量参数描述如下：

x_i：风险因素$(i = 1, 2, 3, \cdots, n)$；

K_i：单个风险因素安全投入物力资源；

L_i：单个风险因素安全投入劳动力资源；

T_i：单个风险因素安全投入科技资源；

K：所有风险因素安全投入物力资源；

L：所有风险因素安全投入劳动力资源；

T：所有风险因素安全投入科技资源；

M：所有风险因素投入所有资源的上限；

K_{i0}：单个风险因素安全投入物力资源的下限；

K_{i1}：单个风险因素安全投入物力资源的上限；

L_{i0}：单个风险因素安全投入劳动力资源的下限；

L_{i1}：单个风险因素安全投入劳动力资源的上限；

T_{i0}：单个风险因素安全投入科技资源的下限；

T_{i1}：单个风险因素安全投入科技资源的上限；

w_i：各个风险因素的权重；

Q：所求目标；

Y_i：风险因素投入产出安全度。

（3）施工安全风险生产控制目标函数与约束条件建立

首先，结合柯布-道格拉斯生产函数拟合风险因素各个资源的投入，确立中铁 X 装配式建筑项目施工安全风险的安全投入产出模型。如下所示：

$$Y_i = A(t) K_i^{\alpha} L_i^{\beta} T_i^{\theta} \mu \qquad (6.3\text{-}87)$$

其中，$A(t)$ 为技术进步系数，α，β，θ 分别为分别代表物力、劳动力和科技的产出弹性系数，μ 为随机扰动项。另外，考虑到实际情况，Y_i 风险因素投入产出安全度为 0~1 的数值。同时将物力、劳动力和科技的投入资源按照市场相应价格换算成资金。

其次，根据以上变量，得出中铁 X 装配式建筑项目施工安全风险生产控制目标函数：

$$\max Q = \sum_{i=1}^{n} w_i Y_i \qquad (6.3\text{-}88)$$

接下来主要目的是建立控制变量约束条件。根据以上的成果，在现有的资源约束条件下以 Y_i 风险因素投入总产出最大为目标，通过线性规划求出其最优值。其约束条件如下：

$$\text{s.t.} \quad K_{i0} \leq K_i \leq K_{i1} \quad i=1, 2, \cdots, n \qquad (6.3\text{-}89)$$

$$L_{i0} \leq L_i \leq L_{i1} \quad i=1, 2, \cdots, n \qquad (6.3\text{-}90)$$

$$T_{i0} \leq T_i \leq T_{i1} \quad i=1, 2, \cdots, n \qquad (6.3\text{-}91)$$

$$\sum_{i=1}^{n} K_i + L_i + T_i \leq M \quad i=1, 2, \cdots, n \qquad (6.3\text{-}92)$$

$$0 \leq Y_i \leq 1 \quad i=1, 2, \cdots, n \qquad (6.3\text{-}93)$$

$$\sum_{i=1}^{n} K_i \leq K \qquad (6.3\text{-}94)$$

$$\sum_{i=1}^{n} L_i \leq L \qquad (6.3\text{-}95)$$

$$\sum_{i=1}^{n} T_i \leq T \qquad (6.3\text{-}96)$$

式（6.3-89）到式（6.3-91）是对各个风险因素的各个资源投入作出的约束，式（6.3-92）表示所有投入的资源小于 400 万元，式（6.3-93）表示所有控制的风险因素安全度的取值范围，式（6.3-94）~式（6.3-96）表示各个资源投入上限。

（4）施工安全风险生产控制模型应用

首先确定五个风险因素的权重。由于是对最新风险因素进行的控制，所以要求出最新各个风险因素的权重。已知对项目威胁度最高的风险因素：安全意识不足、责任心不高、违章操作、员工操作不规范、材料的不安全因素。对各个风险因素进行重新命名 x_i（$i=1,2,\cdots,5$）。

将五个风险危害度最高风险因素的权重值确定为：

$$w = (0.316\quad 0.246\quad 0.163\quad 0.139\quad 0.136) \tag{6.3-97}$$

构建目标函数得：

$$\max Q = w_1 Y_1 + w_2 Y_2 + w_3 Y_3 + w_4 Y_4 + w_5 Y_5 \tag{6.3-98}$$

由于权重已经求出，故

$$\max Q = 0.316 Y_1 + 0.246 Y_2 + 0.163 Y_3 + 0.139 Y_4 + 0.136 Y_5 \tag{6.3-99}$$

根据工程实际情况，将所有资源都运用资金数目（万元）表达。得出：

$$30 \leqslant K_1 \leqslant 100 \tag{6.3-100}$$
$$25 \leqslant K_2 \leqslant 95.12 \tag{6.3-101}$$
$$26 \leqslant K_3 \leqslant 59.12 \tag{6.3-102}$$
$$15.5 \leqslant K_4 \leqslant 85.3 \tag{6.3-103}$$
$$18.8 \leqslant K_5 \leqslant 66.7 \tag{6.3-104}$$
$$10.3 \leqslant L_1 \leqslant 88.6 \tag{6.3-105}$$
$$11.8 \leqslant L_2 \leqslant 83.3 \tag{6.3-106}$$
$$12.5 \leqslant L_3 \leqslant 55.5 \tag{6.3-107}$$
$$13.3 \leqslant L_4 \leqslant 72.3 \tag{6.3-108}$$
$$10.7 \leqslant L_5 \leqslant 68.5 \tag{6.3-109}$$
$$\sum_{i=1}^{5} K_i + L_i + T_i \leqslant 400 \tag{6.3-110}$$
$$K_1 + K_2 + K_3 + K_4 + K_5 \leqslant 300 \tag{6.3-111}$$
$$L_1 + L_2 + L_3 + L_4 + L_5 \leqslant 86.8 \tag{6.3-112}$$
$$T_1 + T_2 + T_3 + T_4 + T_5 \leqslant 108.5 \tag{6.3-113}$$

根据历年数据求出五个风险因素与各个资源之间的拟合关系。运用 MATLAB 计算结果。借鉴柯布-道格拉斯函数，具体为：

安全意识不足安全度与资源投入关系相关数据如表 6.3-20 所示。安全意识不足 x_1 的 $A(t)$ 为 0.8，μ 为 0.1。据此求出 $Y_1 = A(t) K_1^{\alpha} L_1^{\beta} T_1^{\theta} \mu$。

表 6.3-20　安全意识不足安全度与资源投入关系

安全度	K_1	L_1	T_1
0.8	31.5	12	10.5
0.85	31	14.3	12.5
0.87	35	15.5	13

表6.3-20(续)

安全度	K_1	L_1	T_1
0.9	40.5	13.5	11.5
0.88	38	18.5	11.7
0.89	38.5	19.6	12

责任心不高安全度与资源投入关系相关数据如表 6.3-21 所示。责任心不高 x_2 的 $A(t)$ 为 0.81，μ 为 0.11。据此求出 $Y_2 = A(t)K_2{}^\alpha L_2{}^\beta T_2{}^\theta \mu$。

表 6.3-21　责任心不高安全度与资源投入关系

安全度	K_2	L_2	T_2
0.82	25.4	11.2	11.3
0.85	26.8	12.4	12.4
0.87	32.5	12.8	13.4
0.86	36.7	12.5	12.8
0.85	36.2	13.6	12.4
0.9	38	14	13.1

违章操作安全度与资源投入关系相关数据如表 6.3-22 所示。违章操作 x_3 的 $A(t)$ 为 0.7，μ 为 0.2。据此求出 $Y_3 = A(t)K_3{}^\alpha L_3{}^\beta T_3{}^\theta \mu$。

表 6.3-22　违章操作安全度与资源投入关系

安全度	K_3	L_3	T_3
0.72	30.2	20.3	10.5
0.75	30.3	22.5	10.7
0.78	33.2	22.9	11.6
0.79	34.3	23.3	12
0.80	35.2	23.9	13
0.82	37.2	25.7	15.2

员工操作不规范安全度与资源投入关系相关数据如表 6.3-23 所示。员工操作不规范 x_4 的 $A(t)$ 为 0.8，μ 为 0.1。据此求出 $Y_4 = A(t)K_4{}^\alpha L_4{}^\beta T_4{}^\theta \mu$。

表 6.3-23　员工操作不规范安全度与资源投入关系

安全度	K_4	L_4	T_4
0.78	33.5	23	12
0.82	34.0	24	14
0.85	37.2	24.1	13.9
0.88	36.5	26.3	14.5
0.90	37.5	27.3	14.5
0.92	38.2	26.3	15.3

材料的不安全因素安全度与资源投入关系相关数据如表 6.3-24 所示。材料的不安全因素 x_5 的 $A(t)$ 为 0.8，μ 为 0.1。据此求出 $Y_5 = A(t)K_5{}^\alpha L_5{}^\beta T_5{}^\theta \mu$。

表 6.3-24　材料的不安全因素安全度与资源投入关系

安全度	K_5	L_5	T_5
0.68	35.5	22.2	15.5
0.72	36	22.4	15.7
0.71	36.3	22.5	15.9
0.76	35.4	22.9	16.2
0.78	37	23.1	16.8
0.82	37.5	23.4	17.3

各个资源与安全度在不同风险因素下的拟合函数具体为：

$$Y_1 = 0.8K_1{}^{0.4462}L_1{}^{0.0044}T_1{}^{0.3099} \times 0.1 \qquad (6.3\text{-}114)$$

$$Y_2 = 0.81K_2{}^{0.001}L_2{}^{0.2085}T_2{}^{0.6817} \times 0.11 \qquad (6.3\text{-}115)$$

$$Y_3 = 0.7K_3{}^{0.3744}L_3{}^{0.1265}T_3{}^{0.0027} \times 0.2 \qquad (6.3\text{-}116)$$

$$Y_4 = 0.8K_4{}^{0.1255}L_4{}^{0.252}T_4{}^{0.4193} \times 0.1 \qquad (6.3\text{-}117)$$

$$Y_5 = 0.8K_5{}^{0.0011}L_5{}^{0.01}T_5{}^{0.7925} \times 0.1 \qquad (6.3\text{-}118)$$

将上述具体化的目标函数与相关数据代入优化模型，进行优化求解，优化后的最优结果为：不同风险因素下各个资源的最佳投入值如表 6.3-25 所示，此时得到 $\max Q = 0.9074$，换言之，安全优化后得到的安全度为 0.9074，由此可知，经过安全控制模型优化后的资金使用使得本项目安全水平大大提高。

表 6.3-25　不同风险因素下各个资源的最佳投入值

i	K	L	T
1	70.6308	12.4542	10.8895
2	26.1864	23.2865	8.97
3	43.0551	27.7819	6.1526
4	36.044	28.8812	15.7967
5	27.1911	16.4812	13.3196

根据表(6.3-25)可知，最优分配为：安全意识不足 x_1 分配物力资源 70.6308 万元，分配劳动力资源 12.4542 万元，分配科技资源 10.8895 万元；责任心不高 x_2 分配物力资源 26.1864 万元，分配劳动力资源 23.2865 万元，分配科技资源 8.97 万元；违章操作 x_3 分配物力资源 43.0551 万元，分配劳动力资源 27.7819 万元，分配科技资源 6.1526 万元；员工操作不规范 x_4 分配物力资源 36.044 万元，分配劳动力资源 28.8812 万元，分配科技资源 15.7967 万元；材料的不安全因素 x_5 分配物力资源 27.1911 万元，分配劳动力资源 16.4812 万元，分配科技资源 13.3196 万元。

综上所述，安全优化后得到的安全度为 0.9074，由此可知，经过安全控制模型优化后的资金使用使得本项目安全水平大大提高，同时也取得了资源优化的最优解。

6.4　投入适宜度导向类施工安全风险控制优化模型

以装配式建筑施工安全投入资金与安全需求偏差值最小为主要优化目标，建立合理安全成本投入关系式，并满足风险量最小、投入成本合理性最大的条件。

6.4.1　变量与参数设定

优化模型决策变量与参数描述如下：

m：第一个安全指标下的二级指标风险的个数；

n：第二个安全指标下的二级指标风险的个数；

i：第一个安全指标二级指标因素；

j：第二个安全指标二级指标因素；

ω_{ij}：各二级指标的权重；

ψ_k：不同程度的一级指标的权重；

d_i^-：安全投入小于实际需求，为负偏差，表示为 $d_i^- \geq 0$，反之，则为正偏差，表示为 d_i^+；

x_{ij}：某一风险因素的安全投入资金；

C_i：一级指标安全投入资金；

D_{ij}：二级指标的安全投入资金；

P_i：i 个指标安全投入资金；

l_{ij0}：单个指标安全投入资金的上限；

l_{ij1}：单个指标安全投入资金的下限；

ϕ_1：主要风险因素构成的集；

ϕ_2：次要风险因素构成的集；

ϕ_3：安全度值最小控制集；

ϕ_4：安全度值最大控制集。

6.4.2　优化模型建立

基于上述分析与模型变量参数设置，构建装配式建筑施工安全控制优化模型，具体目标函数如下：

$$\min z = \sum_{k=1}^{n} \sum_{i=1}^{n} \psi_k \cdot d_i^- \tag{6.4-1}$$

式(6.4-1)为目标函数，表示装配式建筑施工安全投入与需求安全投入的偏差最小，ψ_k 表示不同重要程度的一级指标的权重，$\psi_k \cdot d_i^-$ 表示各级指标的安全投入资金与安全需求的偏差值。需要满足以下约束条件：

$$\text{s.t.} \quad x_{ij} \leqslant l_{ij1} \quad i = 1, 2, \cdots, n; j = 1, 2, \cdots, m \qquad (6.4-2)$$

$$x_{ij} \geqslant l_{ij0} \quad i = 1, 2, \cdots, n; j = 1, 2, \cdots, m \qquad (6.4-3)$$

$$\sum_{i=1}^{n} \sum_{j=1}^{m} x_{ij} \leqslant C_i \quad i = 1, 2, \cdots, n \qquad (6.4-4)$$

$$\sum_{i=1}^{n} \sum_{j=1}^{m} \omega_{ij} x_{ij} \leqslant D_{ij} \quad i = 1, 2, \cdots, n; j = 1, 2, \cdots, m \qquad (6.4-5)$$

$$\sum_{i=1}^{n} \sum_{j=1}^{m} \omega_{ij} x_{ij} + d_i^- = \sum_{i=1}^{n} \sum_{j=1}^{m} \omega_{ij} D_{ij} \qquad (6.4-6)$$

$$\sum_{j \in \phi_1} x_{ij} \geqslant \sum_{j \in \phi_2} x_{ij} \quad i = 1, 2, \cdots, n \qquad (6.4-7)$$

$$\sum_{j \in \phi_3} x_{ij} \geqslant P_1 \quad i = 1, 2, \cdots, n \qquad (6.4-8)$$

$$\sum_{j \in \phi_4} x_{ij} \leqslant P_2 \quad i = 1, 2, \cdots, n \qquad (6.4-9)$$

$$x_{ij} \geqslant 0 \quad i = 1, 2, \cdots, n; j = 1, 2, \cdots, m \qquad (6.4-10)$$

$$d_i^- \geqslant 0 \quad i = 1, 2, \cdots, n \qquad (6.4-11)$$

其中，式(6.4-2)表示某一安全投入资金的下限约束；式(6.4-3)表示某一安全投入资金的上限约束；式(6.4-4)表示一级指标安全投入的资金不能超过最大限额；式(6.4-5)表示各二级指标权重累加后不超过总额；式(6.4-6)表示对每个安全要素的投入费用乘以一个权重系数，使其投入费用之和加短缺费用，达到与系统安全需求之间的平衡；式(6.4-7)表示主要指标安全投入大于次要指标的安全投入；式(6.4-8)表示各二级指标安全投入对安全度最小集；式(6.4-9)表示各二级指标安全投入小于安全度最大集；式(6.4-10)表示各指标安全投入金额都为非负数；式(6.4-11)表示一级指标的短缺费用非负数。

6.4.3 模型应用求解

(1) 实际数据的带入

将 FC 装配式建设项目安全投入数据收集汇总，使有限的安全投入资金达到最佳的安全效果。其中，安全投入成本 C_n = 300 万元，具体数据如表 6.4-1 所示。

表 6.4-1 安全投入基础数据汇总表

风险因素	x_{11}	x_{12}	x_{13}	x_{14}	x_{15}	x_{21}	x_{22}	x_{23}	x_{24}
安全投入/万元	4.73	12.75	67.28	52.14	15.97	57.14	41.56	5.14	43.29

注：按照国家规定，建筑施工企业以建筑安装工程造价为计提依据。该工程类别安全费用提取标准为 2%，故该项目安全投入共计 300 万元。

为了满足安全投入资金达到所需的最低基本投入额，保证项目正常进行。根据项目基础数据的收集，将得到的安全投入需求系数列出，如表 6.4-2 所示。

表 6.4-2　安全投入最低标准系数

风险因素	x_{11}	x_{12}	x_{13}	x_{14}	x_{15}	x_{21}	x_{22}	x_{23}	x_{24}
安全投入系数	0.6	0.5	0.8	0.8	0.7	0.8	0.8	0.5	0.7

其中，根据上文求出的各级指标的权重如下：

$$\psi = (0.557, 0.443) \tag{6.4-12}$$

$$\omega_1 = (0.202, 0.199, 0.202, 0.216, 0.181) \tag{6.4-13}$$

$$\omega_2 = (0.350, 0.244, 0.234, 0.172) \tag{6.4-14}$$

根据工程实例实际情况，将其他的实际相关数据带入模型中，具体如下：

$$\min z = 0.557d_1^- + 0.443d_2^- \tag{6.4-15}$$

$$\text{s.t.}\quad x_{11} \leqslant 33.754 \tag{6.4-16}$$

$$x_{12} \leqslant 33.252 \tag{6.4-17}$$

$$x_{13} \leqslant 33.754 \tag{6.4-18}$$

$$x_{14} \leqslant 43.446 \tag{6.4-19}$$

$$x_{15} \leqslant 30.245 \tag{6.4-20}$$

$$x_{21} \leqslant 39.795 \tag{6.4-21}$$

$$x_{22} \leqslant 27.742 \tag{6.4-22}$$

$$x_{23} \leqslant 26.605 \tag{6.4-23}$$

$$x_{24} \leqslant 19.556 \tag{6.4-24}$$

$$x_{11} \geqslant 20.252 \tag{6.4-25}$$

$$x_{12} \geqslant 12.626 \tag{6.4-26}$$

$$x_{13} \geqslant 27 \tag{6.4-27}$$

$$x_{14} \geqslant 34.765 \tag{6.4-28}$$

$$x_{15} \geqslant 27.171 \tag{6.4-29}$$

$$x_{21} \geqslant 31.836 \tag{6.4-30}$$

$$x_{22} \geqslant 22.194 \tag{6.4-31}$$

$$x_{23} \geqslant 13.302 \tag{6.4-32}$$

$$x_{24} \geqslant 13.689 \tag{6.4-33}$$

$$x_{11} + x_{12} + x_{13} + x_{14} + x_{15} \leqslant 167.1 \tag{6.4-34}$$

$$x_{21} + x_{22} + x_{23} + x_{24} \leqslant 132.9 \tag{6.4-35}$$

$$0.202x_{11} + 0.199x_{12} + 0.202x_{13} + 0.216x_{14} + 0.181x_{15} + d_1^- = 31.14 \tag{6.4-36}$$

$$0.35x_{21} + 0.244x_{22} + 0.234x_{23} + 0.172x_{24} + d_2^- = 38.79 \tag{6.4-37}$$

$$\sum_{j \in \phi_1} x_{ij} \geqslant \sum_{j \in \phi_2} x_{ij} \quad i = 1, 2, \cdots, n; \ j = 1, 2, \cdots, m \tag{6.4-38}$$

$$\sum_{j \in \phi_3} x_{ij} \geqslant 27.305 \qquad (6.4-39)$$

$$\sum_{j \in \phi_4} x_{ij} \leqslant 67.482 \qquad (6.4-40)$$

$$x_{ij} \geqslant 0 \quad i = 1, 2; j = 1, 2, 3, 4, 5 \qquad (6.4-41)$$

$$d_i^- \geqslant 0 \quad i = 1, 2 \qquad (6.4-42)$$

（2）优化控制模型的求解

在 Lingo 中求解。其求解的结果分别为 $x_{11} = 31.134$, $x_{12} = 31.992$, $x_{13} = 28.26$, $x_{14} = 39.104$, $x_{15} = 28.991$, $x_{21} = 38.795$, $x_{22} = 27.742$, $x_{23} = 25.749$, $x_{24} = 17.318$, $d_1^- = 0$, $d_2^- = 8.503$。即物的安全投入总资金为 159.48 万元，临时支撑设置安全投入 31.134 万元、设备选择安全投入 31.992 万元、构件强度安全投入 28.26 万元、构件精度安全投入 39.104 万元、构件作业平台设置安全投入 28.991 万元；技术安全投入总资金为 109.604 万元，构件定位安全投入 38.795 万元、连接技术安全投入 27.742 万元、设计方案合理性安全投入 25.749 万元、安全检测安全投入 17.318 万元。经过优化控制模型的运算，使得各项风险的安全投入达到最优，因此安全投入资源的合理分配，可分配充足的安全费用降低施工中的风险。

6.5 作业风险导向类施工安全风险控制优化模型

6.5.1 装配式建筑预制构件吊装作业风险定量控制问题提出

在大型装配式施工项目中，由于工期和成本的限制，大多数施工项目采取多层作业，多工序穿插施工或者高处多重立体交叉作业。该施工方式存在的问题由于造成交叉作业增多，相应地增加了施工风险，容易导致机械碰撞、高空坠落、物体打击等事故类型。吊装作业作为装配式建筑核心环节存在相应安全隐患。在装配式吊装作业施工现场，吊装作业现场环境越混乱，吊装作业风险就越大。这里引入熵的概念，熵是描述体系混乱度的状态函数，作为装配式建筑吊装作业安全风险程度的定量度量函数。

设 x_i, $y_i \geqslant 0$, $i = 1, 2, \cdots, n$。且 $1 = \sum_{i=1}^{n} x_i \geqslant \sum_{i=1}^{n} y_i$，称 $H(X, Y) = \sum_{i=1}^{n} x_i \ln \frac{x_i}{y_i}$ 为 X 相对于 Y 的相对熵，其中 $X = \{x_1, x_2, \cdots, x_n\}$, $Y = \{y_1, y_2, \cdots, y_n\}$。

若 $H(X, Y)$ 是 X 相对于 Y 的相对熵，则有 $H(X, Y) = \sum_{i=1}^{n} x_i \ln \frac{x_i}{y_i} \geqslant 0$，当且仅当 $x_i = y_i$, $i = 1, 2, \cdots, n$。

从上述的计算结果中可以看出，当 X, Y 取值相同时，最后的计算结果为零，也就是 X 相对于 Y 来说相对熵达到了最小值。通过这个思路方向，如果使吊装作业现场的交叉作业风险相对于无交叉作业引入安全风险，这样就可以实现通过相对熵的方法对装配式预制构件交叉作业风险进行量化处理，也就是交叉作业风险相对无交叉作业风险的固有值的相对值。我们进行方案选取的目标就是保证交叉作业风险最小即相对熵最小。最优控制目标是交叉作业风险值为零。

假设在某装配式建筑的工程项目中，在一个有限的施工空间内存在着 n 个工序任务，这 n 个工序任务用 $\{t_1, t_2, \cdots, t_n\}$ 表示。在这个施工空间内存在着交叉作业风险和无交叉作业固有安全风险，交叉作业风险性用 x_i 表示，固有安全风险用 y_i 表示，根据相对熵函数模型可得出交叉作业风险模型为式（6.5-1），并满足式（6.5-2）。

$$H(X, Y) = \sum_{i=1}^{n} x_i \ln \frac{x_i}{y_i} \geq 0 \qquad (6.5\text{-}1)$$

$$1 = \sum_{i=1}^{n} x_i \geq \sum_{i=1}^{n} y_i > 0 \qquad (6.5\text{-}2)$$

以上公式中的相对熵模型具以下两个优点。

第一，引入交叉作业风险是通过无交叉作业固有风险而来的。通过相对熵量化后可以有效去除无交叉作业的固有安全风险。

第二，相对熵模型为定量控制方案，通过相对熵模型进行最佳方案排布，保证交叉作业风险最小，达到方案最优，保证减少或者消除交叉作业风险。

6.5.2　风险定量控制模型构建与求解

有关交叉作业的相对熵模型，假设该项目在某个有限的施工区域内，n 项任务 $\{t_1, t_2, t_3, \cdots, t_n\}$ $(i = 1, 2, \cdots, n)$ 需要在时间期限 k 内完成。每个任务的工期分别为 $d_i (i = 1, 2, \cdots, n)$ 时所对应的施工机械设备的数量为 $e_i (i = 1, 2, \cdots, n)$。设 $D = \sum_{i}^{n} d_i$。下面逐步考虑施工设备交叉作业的安全量化模型。

（1）自交叉

自交叉考虑的是某工序内的交叉作业，假设在某吊装作业区域进行施工，其施工时间为 $K(K \geq D)$，如果在工期 K 时间内，不存在流水施工，没有并行任务，且主要是吊装机械设备和其他机械设备之间的碰撞事故，下文就用机械设备数量的排列组合方法考虑不同任务的设备之间的自交叉事故概率。

各施工阶段机械设备自交叉用 $C_{e_1}^2$, $C_{e_2}^2$, $\cdots$, $C_{e_i}^2$, $\cdots$, $C_{e_N}^2$ 定义，即：

$$c_{e_i}^2 = \frac{e_i(e_i - 1)}{2} \qquad (6.5\text{-}3)$$

在 k 到 $k+d$ 段，假设只有任务 i 在施工，定义任务 i 在整个施工时段的自交叉事故概率如式(6.5-4)所示，其中，M 是系数。

$$y_i = d_i \frac{C_{e_i}^2}{M} \tag{6.5-4}$$

（2）互交叉

大型装配式工程项目，其中也包括装配式建筑预制构件吊装作业施工，由于工期要求和节省人力、物力、财力、时间成本要求，一般采取流水施工，或者工程任务本身需要并发执行。在吊装作业施工过程中，任意两个任务 t_i 和 t_j 的交叉排列组合定义为 $C_{e_i+e_j}^2$。在装配式建筑项目的施工过程中，用 t_i^s 表示第 t_i 项任务的开始施工时间，t_i^e 表示第 t_i 项任务的完成时间。

在项目的实际施工过程中，假设第 t_i 项任务的开始施工时间和结束时间分别为 $\{t_i^s, t_i^e\}$，$d_i = t_i^e - t_i^s + 1$。假设在执行过程中有 J 个任务和它一起同时执行，而且在此把它的任务集合定义为 $J^{[i]} = \{t_{i[1]}, t_{i[2]}, \cdots, t_{i[J]}\}$，$1 \le i_{[1]}, i_{[2]}, \cdots, i_{[J]} \le N$，$i_{[1]}, i_{[2]}, \cdots, i_{[J]} \ne i$。则各个任务与任务 i 的交叉时间为 $\{d_{i[1]}, d_{i[2]}, \cdots, d_{i[J]}\}$。设 $i_{[0]} = 0$，$e_{i[0]} = 0$。$e_{i[0]}$ 表示任务 i 在 $d_{i[0]}$ 时间内不存在并发的任务，也就是这段施工时间不存在互交叉的情况。

在整个装配式建筑吊装作业项目周期 K 内。考虑由于任务 t_i 的引入，给整个系统带来新增的交叉事故概率为：

$$x_i = \frac{1}{2} \sum_{j=1}^{J} \frac{d_{i[j]} c_{e_i+e_{i[j]}}^2}{M} + \frac{d_{i[0]} c_{e_i}^2}{M} \tag{6.5-5}$$

公式前半部分表示互交叉事故概率，因为交叉是互相的，所以取 1/2。公式后半部分表示自交叉。为了使 $\sum_{i=1}^{n} x_i = 1$，取

$$M = \sum_{i} \sum_{j=0}^{J} \frac{d_{i[j]} c_{e_i+e_{i[j]}}^2}{M} + \frac{d_{i[0]} c_{e_i}^2}{M} \tag{6.5-6}$$

如图 6.5-1 所示（表格中的数字表明任务所使用的设备数量），以任务 T2 为例，公式(6.5-4)实际计算方程为 $x_2 = \frac{1}{2}\left(\dfrac{2}{M} \dfrac{C_{4+8}^2}{M} + \dfrac{1}{M} \dfrac{C_{3+8}^2}{M}\right) + \dfrac{C_8^2}{M}$。

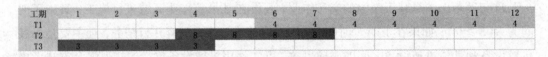

图 6.5-1　任务排布图

（3）基于相对熵模型求解

装配式建筑吊装交叉作业安全风险是相对于没有交叉作业时系统引入的安全风险隐患，参照公式(6.5-1)，给出交叉作业安全风险的相对熵函数模型为：

$$H(X, Y) = \sum_{i=1}^{n} x_i \ln \frac{x_i}{y_i} \tag{6.5-7}$$

其中 x_i 和 y_i 由公式确定。并假设：

$$h(x_i, y_i) = \sum_{i=1}^{n} x_i \ln \frac{x_i}{y_i} \tag{6.5-8}$$

以吊装作业施工为例：装配式建筑工程施工工期为 K 天，在比较局限的施工空间内，以什么样的方式调整各个任务施工计划，才能够确保施工过程风险最小。

在不考虑赶工期的情况下，其严格约束条件为 $t_i^s + d_i \leqslant t_j^s$，$i, j = 1, 2, \cdots, n$。$d_i$ 是任务 t_i 的工期，它的结束时间为 t_i^e，它的开始时间为 t_i^s。上述公式可以反映出，如果整个吊装作业过程中不存在交叉作业，交叉作业的相对熵值为零，也就达到了最优控制方程的最优解为零。

由于不可抗力因素，假设某大型装配式建筑工程项目实施过程中，要求施工任务需要在一个月之内全部完成。按照以前的工期计划是不可能完成剩余施工任务的，加快施工进度的唯一办法就是并行施工，也就是剩余的施工任务最大限度地采取并行施工。现在的施工情况是大部分施工地段只剩下现浇层梁，并且这些现浇层梁处于不同的施工地段，如果采取并行施工，交叉作业风险较小。但是如果在同一施工地段，在这里主要考虑墙柱吊装(T4)、梁板吊装(T5)、现浇层梁(T6)的施工，它们如果并行施工，交叉作业风险相对较大，它们各自的工期分别为 10 天、14 天、20 天。

该优化控制核心是如何在有限时间内能够完成施工任务，并且能够保证交叉作业风险最小。采用交叉熵模型。假设承台施工需要混凝土搅拌机等 4 台设备，墩柱施工需要汽车吊等 7 台施工设备，现浇层梁需要塔吊等 10 台设备。处于同一施工地段的施工机械设备总共 21 台，如何确保设备之间交叉作业风险最小，采用交叉作业相对熵模型进行计算优化。针对在同一施工空间内的承台、墩柱和现浇层梁，对上述施工计划进行优化。

① 方案一。

针对现需完成的施工工序，如果墙柱吊装(T4)、梁板吊装(T5)、现浇层梁(T6)三项施工任务期初同时进行施工，其交叉作业风险较大，通过相对熵量化模型计算也可得到其结果，具体如图 6.5-2 所示。

图 6.5-2　工序任务排布图(一)

从工序排布图中可以看出如果三个施工任务同时开始施工，施工任务可在规定期限内完成，同时需要承担相对较大的交叉作业风险，通过上文公式计算可得到该施工方案的相对熵为 0.55。

② 方案二。

首先进行墙柱吊装施工,等到第 11 天时梁板吊装和现浇层梁同时施工,该施工方案能在规定工期第 30 天完成施工任务,同时也有一定的交叉作业风险,通过相对熵量化模型也可得到其结果,具体如图 6.5-3 所示。

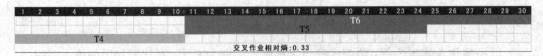

图 6.5-3 工序任务排布图(二)

从工序排布图中可以看出首先 T4 任务开始施工,之后 T5,T6 施工任务同时施工。可在规定期限内完成施工任务,同时需要承担相对较大的交叉作业风险,通过上文公式计算可得到该施工方案的相对熵为 0.33。

③ 方案三。

首先 T4 任务开始施工,施工到第 6 天 T5 任务开始施工,在工期第 11 天时 T6 任务开始施工。该施工方案排布也可在规定工期内完成施工任务,其交叉作业风险计算结果如图 6.5-4 所示。

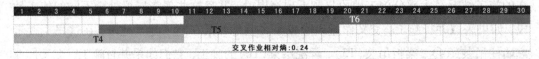

图 6.5-4   工序任务排布图(三)

从工序排布图中可以看出首先 T4 任务开始施工,之后 T5,T6 施工任务依次施工。可在规定期限内完成施工任务,同时需要承担一定的交叉作业风险,通过上文公式计算可得到该施工方案的相对熵为 0.24。

④ 方案四。

T4,T5 任务同时开始施工,在工期第 11 天 T6 开始施工。该施工方案也可在规定工期内完成施工任务,其交叉作业风险结果如图 6.5-5 所示。

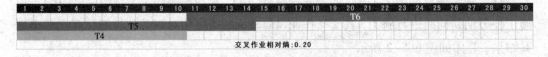

图 6.5-5   工序任务排布图(四)

从工序排布图中可以看出首先 T4,T5 任务同时开始施工,之后 T6 施工任务施工。可在规定期限内完成施工任务,同时需要承担一定的交叉作业风险,通过上文公式计算可得到该施工方案相对熵为 0.20。

从图中不难发现,T4 和 T5 同时施工的交叉作业相对风险较小,如最后一种施工计划。计算所得的交叉作业相对熵值为 0.20,是在规定工期内对一定工序任务的最佳方案排布,利于减少交叉作业风险,降低事故发生概率。

6.6　模糊突变安全隶属度导向类施工安全风险控制优化模型

6.6.1　模型的构建思路与假设

在基于模糊突变理论对装配式建筑施工安全评估的基础上，结合所建模糊突变理论的特点，以装配式施工安全系统高安全度隶属函数值最高、低安全度隶属函数值最低为目标，并以装配式建筑施工安全度的最低要求和最大的成本预算为约束，构建装配式建筑施工安全优化控制模型。

模型的相关假设为：第一，安全度优化措施的应用受到可用于安全控制总成本限额的限制；第二，各指标之间无关联性，在既有成本限额条件下，对于某项指标花费成本进行安全性提升的过程中，不会引起其他指标安全度的升高或降低；第三，在实施安全度优化控制之前，系统各指标的安全度状态水平已知；第四，在实施安全度优化控制过程中，不考虑其他不可抗力因素对系统安全度的影响。

6.6.2　参数与变量设定

p_{ij}，p'_{ij} 分别表示第 i 个三级安全指标下的第 j 个四级安全指标优化前、优化后的评分值；x_{ij} 表示第 i 个三级安全指标下的第 j 个四级安全指标的决策变量；$f(x)$ 表示基于模糊突变理论的模糊隶属度计算函数；n_{ij} 表示第 i 个三级安全指标下的四级指标数量；n_i 表示第 i 个三级安全指标所在的二级指标下的三级指标数量；c_{ij} 表示第 i 个三级安全指标下第 j 个四级安全度值进行控制优化所需成本；$\mu_{v_1}(p_{ij})$ 表示第 i 个三级安全指标下的第 j 个四级安全指标优化控制前的高安全度模糊隶属度值；$\mu_{v_3}(p_{ij})$ 表示第 i 个三级安全指标下的第 j 个四级安全指标优化控制前的低安全度模糊隶属度值；$\mu_{v_1}(p'_{ij})$ 表示第 i 个三级安全指标下的第 j 个四级安全指标优化控制后的高安全度模糊隶属度值；$\mu_{v_3}(p'_{ij})$ 表示第 i 个三级安全指标下的第 j 个四级安全指标优化控制后的低安全度模糊隶属度值；P_{mk} 表示第 m 个二级指标下第 k 个三级指标的高安全度模糊突变隶属度值；P'_{mk} 表示第 m 个二级指标下第 k 个三级指标的低安全度模糊突变隶属度值；P_m 表示第 m 个二级指标的高安全度模糊突变隶属度值；P'_m 表示第 m 个二级指标的低安全度模糊突变隶属度值。

需要说明的是，这里所需重点控制的装配式建筑指标体系中，三级指标共有 10 个，四级指标共有 26 个。为了便于表述，采用 10×4 的矩阵表示四级指标，其中 26 个为四级指标，为有效值，其余无意义，计算时用 0 占位；同理，采用 4×4 的矩阵表示三级指标，其中 10 个为三级指标，其余无意义，用 0 占位。

6.6.3 模型的构建

(1)目标函数构建

基于模糊突变理论的装配式建筑施工安全评价模型,以系统高安全度隶属度值与低安全度隶属度值差值最大为目标,构建目标函数如下:

$$\max z = f((1-x_{ij})\mu_{v_1}(p_{ij}) + x_{ij}\mu_{v_1}(p'_{ij})) - f((1-x_{ij})\mu_{v_3}(p_{ij}) + x_{ij}\mu_{v_3}(p'_{ij}))$$

$$(6.6-1)$$

根据基于模糊突变理论的装配式建筑施工安全评价模型,可知装配式建筑施工安全系统高安全度总模糊突变隶属度值为:

$$f((1-x_i)\mu_{v_1}(p_{ij}) + x_{ij}\mu_{v_1}(p'_{ij})) = (P_1^{1/2} + P_2^{1/3} + P_3^{1/4} + P_4^{1/5})/4 \quad (6.6-2)$$

其中,P_1、P_2、P_3、P_4 分别为施工人员安全性、施工对象及手段安全性、施工方法安全性、施工环境安全性的高安全度模糊突变隶属度值,以 P_1 为例说明计算过程。

$$P_1 = (P_{11}^{1/2} + P_{12}^{1/3} + P_{13}^{1/4})/3 \quad (6.6-3)$$

$$P_{11} = (((1-x_{11})\mu_{v_1}(p_{11}) + x_{11}\mu_{v_1}(p'_{11}))^{1/2} + ((1-x_{12})\mu_{v_1}(p_{12}) + x_{12}\mu_{v_1}(p'_{12}))^{1/3})/2$$

$$(6.6-4)$$

$$P_{12} = (((1-x_{21})\mu_{v_1}(p_{21}) + x_{21}\mu_{v_1}(p'_{21}))^{1/2} + ((1-x_{22})\mu_{v_1}(p_{22}) + x_{22}\mu_{v_1}(p'_{22}))^{1/3})/2$$

$$(6.6-5)$$

$$P_{13} = (((1-x_{31})\mu_{v_1}(p_{31}) + x_{31}\mu_{v_1}(p'_{31}))^{1/2} + ((1-x_{32})\mu_{v_1}(p_{32}) + x_{32}\mu_{v_1}(p'_{32}))^{1/3} +$$
$$((1-x_{33})\mu_{v_1}(p_{33}) + x_{33}\mu_{v_1}(p'_{33}))^{1/4})/3 \quad (6.6-6)$$

将式(6.6-3)至式(6.6-6)代入式(6.6-2)中,可以得到高安全度隶属度计算函数为:

$$f((1-x_i)\mu_{v_1}(p_{ij}) + x_{ij}\mu_{v_1}(p'_{ij})) = \frac{1}{4}\sum_{m=1}^{4}\left(\sum_{k=1}^{4}\frac{1}{n_m}P_{mk}^{1/(k+1)}\right)^{1/(m+1)} \quad (6.6-7)$$

同理可推出低安全度隶属度的计算函数,即

$$f((1-x_i)\mu_{v_3}(p_{ij}) + x_{ij}\mu_{v_3}(p'_{ij})) = \frac{1}{4}\sum_{m=1}^{4}\left(\sum_{k=1}^{4}\frac{1}{n_m}P'^{1/(k+1)}_{mk}\right)^{1/(m+1)} \quad (6.6-8)$$

将式(6.6-7)、式(6.6-8)代入式(6.6-1)目标函数中,可得:

$$\max z = \frac{1}{4}\sum_{m=1}^{4}\left(\sum_{k=1}^{4}\frac{1}{n_m}P_{mk}^{1/(k+1)}\right)^{1/(m+1)} - \frac{1}{4}\sum_{m=1}^{4}\left(\sum_{k=1}^{4}\frac{1}{n_m}P'^{1/(k+1)}_{mk}\right)^{1/(m+1)} \quad (6.6-9)$$

(2)约束条件构建

装配式建筑施工安全度优化控制的成本不得超过优化控制所能使用的成本限额,高安全度的隶属度函数值在优化控制后应高于优化控制前的值,而低安全度的隶属度函数值在优化控制后应低于优化控制前的值,故得到优化控制模型的约束条件如下:

$$\sum_{i=1}^{10}\sum_{j=1}^{4}\left(\frac{p'_{ij}-p_{ij}}{100}c_{ij}x_{ij}\right) \leqslant C_m \quad (6.6-10)$$

$$\mu_{v_1}(p'_{ij}) \geqslant \mu_{v_1}(p_{ij}) \quad i = 1, 2, \cdots, 10 ; j = 1, 2, 3, 4 \qquad (6.6\text{-}11)$$

$$\mu_{v_3}(p'_{ij}) \leqslant \mu_{v_3}(p_{ij}) \quad i = 1, 2, \cdots, 10 ; j = 1, 2, 3, 4 \qquad (6.6\text{-}12)$$

$$0 \leqslant p_{ij} \leqslant 100 \quad i = 1, 2, \cdots, 10 ; j = 1, 2, 3, 4 \qquad (6.6\text{-}13)$$

$$x_{ij} \in \{0, 1\} \quad i = 1, 2, \cdots, 10 ; j = 1, 2, 3, 4 \qquad (6.6\text{-}14)$$

6.6.4　模型的求解

（1）优化模型的具体化

将南京某项目在抢工阶段的施工安全度进行优化分析，首先根据实例情况构建相应的优化模型，初始 $\mu_{v_1}(p_{ij})$ 与 $\mu_{v_3}(p_{ij})$ 的值，通过对现场实际情况的了解以及咨询相关专家，确定用于各指标提高安全度的成本值，根据项目实际情况及项目资金情况，成本限额 $C_m = 200$ 万元。

其中 $\mu_{v_1}(p_{ij})$ 相应的矩阵为：

$$[\mu_{v_1}(p_{ij})]_{10 \times 4} = \begin{bmatrix} 0.000 & 0.000 & 0.000 & 0.000 \\ 0.000 & 0.000 & 0.000 & 0.000 \\ 0.000 & 0.000 & 0.000 & 0.000 \\ 0.000 & 0.000 & 0.000 & 0.000 \\ 0.000 & 0.000 & 0.000 & 0.000 \\ 0.000 & 0.000 & 0.000 & 0.000 \\ 0.000 & 0.000 & 0.000 & 0.000 \\ 0.000 & 0.000 & 0.000 & 0.000 \\ 0.950 & 0.950 & 1.000 & 0.000 \\ 0.000 & 0.160 & 0.000 & 0.000 \end{bmatrix} \qquad (6.6\text{-}15)$$

其中 $\mu_{v_3}(p_{ij})$ 相应的矩阵为：

$$[\mu_{v_3}(p_{ij})]_{10 \times 4} = \begin{bmatrix} 1.000 & 0.333 & 0.000 & 0.000 \\ 1.000 & 0.182 & 0.000 & 0.000 \\ 0.333 & 0.333 & 1.000 & 0.000 \\ 0.333 & 0.581 & 0.134 & 0.000 \\ 0.581 & 0.505 & 0.382 & 0.122 \\ 0.182 & 0.111 & 0.000 & 0.000 \\ 0.847 & 0.847 & 0.505 & 0.000 \\ 0.980 & 1.000 & 0.000 & 0.000 \\ 0.526 & 0.526 & 0.039 & 0.000 \\ 0.505 & 0.102 & 0.000 & 0.000 \end{bmatrix} \qquad (6.6\text{-}16)$$

其中 c_{ij} 相应的矩阵为：

$$[c_{ij}]_{10\times4} = \begin{bmatrix} 15 & 15 & 0 & 0 \\ 10 & 8 & 0 & 0 \\ 8 & 8 & 5 & 0 \\ 10 & 12 & 8 & 0 \\ 10 & 13 & 10 & 12 \\ 8 & 8 & 0 & 0 \\ 8 & 8 & 8 & 0 \\ 7 & 10 & 0 & 0 \\ 20 & 20 & 20 & 0 \\ 10 & 7 & 0 & 0 \end{bmatrix} \quad (6.6\text{-}17)$$

矩阵中为 0 的位置分两种情况进行说明：一种情况为有实际意义，该位置指标存在，但数值为 0；一种情况为该位置无评价指标，无实际意义，用 0 占位。如 $[\mu_{v_1}(p_{ij})]_{10\times4}$ 矩阵的第一行，前两个 0 代表指标 A_{11}，A_{12} 高安全度模糊隶属度为 0，后两个 0 代表指标 A_{13}，A_{14} 不存在，用 0 占位。

（2）优化模型的具体求解与分析

将上述参数值代入，运用 Lingo 软件进行求解，可得：

$$X = \begin{bmatrix} x_{11} & x_{12} & x_{13} & x_{14} \\ x_{21} & x_{22} & x_{23} & x_{24} \\ x_{31} & x_{32} & x_{33} & x_{34} \\ x_{41} & x_{42} & x_{43} & x_{44} \\ x_{51} & x_{52} & x_{53} & x_{54} \\ x_{61} & x_{62} & x_{63} & x_{64} \\ x_{71} & x_{72} & x_{73} & x_{74} \\ x_{81} & x_{82} & x_{83} & x_{84} \\ x_{91} & x_{92} & x_{93} & x_{94} \\ x_{10,1} & x_{10,2} & x_{10,3} & x_{10,4} \end{bmatrix} = \begin{bmatrix} 1 & 1 & 0 & 0 \\ 1 & 1 & 0 & 0 \\ 1 & 1 & 1 & 0 \\ 1 & 1 & 1 & 0 \\ 1 & 1 & 1 & 1 \\ 1 & 1 & 0 & 0 \\ 1 & 1 & 1 & 0 \\ 1 & 1 & 0 & 0 \\ 0 & 0 & 0 & 0 \\ 1 & 1 & 0 & 0 \end{bmatrix} \quad (6.6\text{-}18)$$

$$P = \begin{bmatrix} p_{11} & p_{12} & p_{13} & p_{14} \\ p_{21} & p_{22} & p_{23} & p_{24} \\ p_{31} & p_{32} & p_{33} & p_{34} \\ p_{41} & p_{42} & p_{43} & p_{44} \\ p_{51} & p_{52} & p_{53} & p_{54} \\ p_{61} & p_{62} & p_{63} & p_{64} \\ p_{71} & p_{72} & p_{73} & p_{74} \\ p_{81} & p_{82} & p_{83} & p_{84} \\ p_{91} & p_{92} & p_{93} & p_{94} \\ p_{10,1} & p_{10,2} & p_{10,3} & p_{10,4} \end{bmatrix} = \begin{bmatrix} 88 & 86 & 0 & 0 \\ 90 & 100 & 0 & 0 \\ 87 & 88 & 88 & 0 \\ 88 & 90 & 90 & 0 \\ 87 & 87 & 89 & 95 \\ 90 & 91 & 0 & 0 \\ 89 & 86 & 1 & 0 \\ 90 & 91 & 0 & 0 \\ 95 & 95 & 100 & 0 \\ 95 & 96 & 0 & 0 \end{bmatrix} \quad (6.6\text{-}19)$$

$$\max z = 0.452 \quad (6.6\text{-}20)$$

该结果说明，除指标 x_{91}，x_{92}，x_{93} 外，剩余指标均需优化，优化后各指标评分如 P 矩阵所示，此时高安全度隶属度与低安全度隶属度之间差值为 0.452。根据项目在抢工阶段高安全度隶属度值与低安全度隶属度值之间差值为 -0.719，低安全度大于高安全度隶属度值，此时工程安全性处于危险阶段，优化后高安全度隶属度值大于低安全度隶属度值，且各个指标优化后的评分值(矩阵 P)已通过求解得出，在后续施工中，可以对照安全度检查评分表中的明细项进行整改，使各项指标评分达到最优值。这样就在有限成本情况下，实现施工安全度最大提升。

6.7　人员风险控制导向类施工安全风险控制优化模型

6.7.1　优化问题描述

人为风险的优化模型不仅包含人工费用，还需要考虑为了保障机械使用安全和现场作业规范及关键节点处理的机械操作培训和聘请专家到施工现场指导的培训费用。这里取两者的权重分别为 0.81 和 0.19。根据实际项目的需要，该项目的技术工人人数及工资标准和培训次数的相关信息见表 6.7-1 和表 6.7-2。该项目平均 7 天一层，25 层工期共计 175 天。

表 6.7-1　人工费用变量和参数

变量和参数	人数 /人	人工费标准/ (元·天⁻¹·人⁻¹)	安全系数	人工工作量/ (天·人)
一级工人	2	350	0.85	x_1
二级工人	16	200	0.8	x_2
三级工人	10	150	0.75	x_3

表 6.7-2　培训费用变量和参数

培训种类	培训费用/(元·次⁻¹)	对施工安全影响系数
机械操作培训	1000	0.72
专家现场指导培训	2000	0.78

6.7.2　优化模型变量与参数设定

优化模型变量与参数设定如下：

δ：人工费用权重系数；

ε：培训费用权重系数；

γ_i：第 i 级工人在施工过程中的安全系数；

f_j：第 j 种培训对施工安全影响系数；

y_i：第 i 级工人在构件安装期间的人工工作量，单位为天·人；

k_i：第 i 级工人的数量；

s_i：第 i 级工人的工资标准；

l_j：第 j 种培训次数；

q_j：第 j 种培训费用；

C：人工费用总额；

d_i：第 i 级工人在构件安装期间最少上工天数，其中 $150 \leqslant d_1$，$160 \leqslant d_2$，三级工人没有限制；

p：一级工人和二级工人工作量之和与三级工人工作量的最低比例；

e_i：第 i 级工人在构件安装期间最多上工天数，因此 $e_i = 175$。

6.7.3　优化模型的构建

优化模型的构建如下：

在上述模型变量和参数设定的前提下，构建优化模型，具体如下：

$$\max z = \delta \sum_{i=1}^{m} \gamma_i y_i + \varepsilon \sum_{j=1}^{m} f_j l_j \qquad (6.7\text{-}1)$$

$$\text{s.t.} \quad k_i d_i \leqslant y_i \leqslant k_i e_i \quad i = 1, 2, 3 \qquad (6.7\text{-}2)$$

$$\sum_{i=1}^{m} s_i y_i + \sum_{j=1}^{m} l_j q_j \leqslant C \qquad (6.7\text{-}3)$$

$$(y_1 + y_2)/y_3 \geqslant p \qquad (6.7\text{-}4)$$

$$y_i \geqslant 0 \quad i = 1, 2, 3 \qquad (6.7\text{-}5)$$

$$\min \leqslant l_j \leqslant \max \quad j = 1, 2 \qquad (6.7\text{-}6)$$

式(6.7-1)表示安全达到的最大水平；式(6.7-2)表示每级工人的工作量；式(6.7-3)表示对各级工人工作量的费用和培训费用的限制；式(6.7-4)表示一级工人和二级工

人工作量之和与三级工人工作量的比例不低于其最低比例要求；式(6.7-5)、式(6.7-6)表示变量的取值范围。

6.7.4　优化模型的求解

根据以上变量和参数，结合具体工程描述，构建线性规划方程，其目标函数为：

$$\max z = 0.81 \times (0.85 y_1 + 0.8 y_2 + 0.75 y_3) + 0.19 \times (0.72 l_1 + 0.78 l_2) \quad (6.7-7)$$

约束条件为：

$$2 \times 150 \leqslant y_1 \leqslant 2 \times 175 \quad (6.7-8)$$

$$16 \times 160 \leqslant y_2 \leqslant 16 \times 175 \quad (6.7-9)$$

$$y_3 \leqslant 10 \times 175 \quad (6.7-10)$$

$$350 y_1 + 200 y_2 + 150 y_3 + 1000 l_1 + 2000 l_2 \leqslant 1105778 \quad (6.7-11)$$

$$(y_1 + y_2) / y_3 \geqslant 2.5 \quad (6.7-12)$$

$$y_1, y_2, y_3 \geqslant 0 \quad (6.7-13)$$

$$2 \leqslant l_1 \leqslant 4 \quad (6.7-14)$$

$$1 \leqslant l_2 \leqslant 3 \quad (6.7-15)$$

根据 Lingo 软件得到求解结果，可得 $(y_1, y_2, y_3, l_1, l_2)^{\mathrm{T}} = (350, 2800, 1260, 4, 3)^{\mathrm{T}}$，$z = 2821.817$。根据该结果，2 个一级工人应该工作 $350 \div 2 = 175$ 个工作日，16 个二级工人应该保证工作 $2800 \div 16 = 175$ 个工作日，三级工人应该工作 $1260 \div 10 = 126$ 个工作日；需要 4 次机械操作培训和 3 次专家现场指导培训。这样能保证人为风险水平最大程度降低。

6.8　质量保证导向类施工安全风险控制优化模型

6.8.1　装配式施工阶段质量保证优化模型

(1)优化模型的变量与参数设定

m：表示装配式建筑的各个过程中费用种类的数量；

n：表示装配式建筑的施工过程数；

α_j：表示各个施工过程所占的权重，其中，$\sum_{j=1}^{n} \alpha_j = 1$；

x_j：表示第 j 个施工过程所投入的资源；

$f(x_j)$：表示投入-质量函数，即第 j 个施工过程投入资源 x_j 所形成的质量水平；

a_{ij}：表示第 j 个施工过程中第 i 项费用所占的比例；

c_i：表示第 i 项费用所允许的最大投入值；

k_j：表示在保证第 j 个施工过程基本质量的前提下需要投入的最少的资源量。

（2）优化模型的构建

构建装配式施工阶段质量执行改进优化模型，具体如下：

$$\max z = \sum_{j=1}^{n} \alpha_j f(x_j) \qquad (6.8-1)$$

$$\text{s.t} \quad \sum_{j=1}^{n} a_{ij} x_j \leqslant c_i \quad i = 1, 2, \cdots, m \qquad (6.8-2)$$

$$x_j \geqslant k_j \quad j = 1, 2, \cdots, n \qquad (6.8-3)$$

其中，目标函数（6.8-1）表示装配式建筑质量管理达到的水平，大于 1 表明质量有所提高，反之则表明下降；约束条件（6.8-2）表示每项费用在各个施工阶段的总和不能突破的最大值；约束条件（6.8-3）表示保证各个阶段施工质量的情况下，该阶段至少应当投入的资源。

（3）优化模型目标函数的具体化

针对上述模型中的投资-质量函数 $f(x_j)$ 需要进行具体化公式描述。为此，采用了统计分析中的最小二乘法对每个过程的投资-质量函数进行拟合，得出其具体化的函数关系式。

得出施工准备阶段的投入-质量函数为 $f(x_1) = 0.005 x_1 + 0.646135$。

构件供应阶段的投入-质量函数为 $f(x_2) = 0.001 x_2 + 0.646135$。

预制构件安装阶段的投入-质量函数为 $f(x_3) = 0.0025 x_3 + 0.723547$。

管理协调阶段的投入-质量函数为 $f(x_4) = 0.01 x_4 + 0.651135$。

（4）优化模型的求解

该项目主体施工阶段的人工费最大额度为 151.4285 万元，材料费为 549.9248 万元，机械费为 95.64 万元，培训费为 7.9699 万元，管理费为 79.6993 万元。

将四个施工过程的资源投入分别设为 x_1，x_2，x_3 和 x_4。各项费用所占各个施工过程投入的比例如表 6.8-1 所示。

表 6.8-1 各项费用所占比例

	施工准备	构件供应	构件安装	管理协调
人工费	0.31	0.06	0.37	0.29
材料费	0.45	0.79	0.32	
机械费	0.15	0.08	0.25	
培训费		0.01	0.01	0.02
管理费	0.09	0.06	0.05	0.69

在施工准备阶段，项目部对施工准备工作已经相对较为熟悉，因而省去了施工准备阶段的培训费，其余四项费用所占比例分别为 0.31，0.45，0.15 和 0.09。在管理协调的过程中，不需要材料费和机械费，因而此处也为空。

在施工进行的四个阶段中，每个阶段应当保持一定的资源数额，从而保证基本的施工质量水平，其中，施工准备阶段为 70.7729 万元，构件供应阶段为 353.8650 万元，构件安装阶段为 110.5810 万元，管理协调阶段为 35.3865 万元。

由公式(6.8-1)，各个过程的权重 $\alpha_j(j=1,2,3,4)$，分别为 0.191，0.227，0.425，0.157。

由公式(6.8-2)和公式(6.8-3)，a_{ij} 各值如表 6.8-1 所示；$c_i(i=1,2,3,4,5)$ 分别为人工费、材料费、机械费、培训费和管理费可能投入的最大额度，其值分别为 151.4285，549.9248，95.64，7.9699 和 79.6993。$k_j(j=1,2,3,4)$ 表示为了保证施工准备阶段、构件供应阶段、构件安装阶段和管理协调阶段的基本质量所投入的资源量，其值分别为 70.7729，353.8650，110.5810，35.3865。

根据以上描述，构建线性规划模型，目标函数为：

$$\max z = \alpha_1 f(x_1) + \alpha_2 f(x_2) + \alpha_3 f(x_3) + \alpha_4 f(x_4)$$

$$= 0.191 \times (0.005 x_1 + 0.646135) + 0.227 \times (0.001 x_2 + 0.646135) +$$

$$0.425 \times (0.0025 x_3 + 0.723547) + 0.157 \times (0.01 x_4 + 0.651135) \qquad (6.8\text{-}4)$$

$$\text{s.t.} \quad 0.31 x_1 + 0.06 x_2 + 0.37 x_3 + 0.29 x_4 \leqslant 151.4285 \qquad (6.8\text{-}5)$$

$$0.45 x_1 + 0.79 x_2 + 0.32 x_3 \leqslant 549.9248 \qquad (6.8\text{-}6)$$

$$0.15 x_1 + 0.08 x_2 + 0.25 x_3 \leqslant 95.64 \qquad (6.8\text{-}7)$$

$$0.01 x_2 + 0.01 x_3 + 0.02 x_4 \leqslant 7.9699 \qquad (6.8\text{-}8)$$

$$0.09 x_1 + 0.06 x_2 + 0.05 x_3 + 0.69 x_4 \leqslant 79.6993 \qquad (6.8\text{-}9)$$

$$x_1 \geqslant 70.7729 \qquad (6.8\text{-}10)$$

$$x_2 \geqslant 353.8650 \qquad (6.8\text{-}11)$$

$$x_3 \geqslant 110.5810 \qquad (6.8\text{-}12)$$

$$x_4 \geqslant 35.3865 \qquad (6.8\text{-}13)$$

运用 Lingo 软件进行优化运算。根据 Lingo 软件得到的求解结果，可得 $(x_1, x_2, x_3, x_4)^{\mathrm{T}} = (152.1545, 564.6446, 110.5810, 38.5473)^{\mathrm{T}}$，$z=1.18$。

根据求解结果，需要在保证基本资源投入的基础上加大施工准备和构件供应两个阶段的投入，适当提高管理协调阶段的投入，构件安装阶段的投入保持不变。目标函数值为 1.18，即质量提高了 18%，质量管理水平有了明显提高，资源投入和质量改进结果都比较到位。

6.8.2 构件安装阶段的质量保证优化模型

(1)优化问题描述

根据对施工阶段的层次-模糊综合评价，构件安装阶段的权重最大。然而参照评价过程以及最终评价的结果，构件安装阶段的评价分值为 68.27，明显低于其他阶段的评价分值。因此应当对构件安装阶段的质量管理进行进一步的优化。

该项目共有技术娴熟的一级工人 4 名，技术水平较为成熟的二级工人 6 名，技术一般的三级工人 10 名。各级工人的工资标准为一级工人 400 元/（天·人），二级工人 300 元/（天·人），三级工人 200 元/（天·人）。该项目平均 6 天一层，15 层工期共计 90 天。构件直接安装的人工费用总额为 110.581×0.37×0.75＝30.6862 万元＝306862 元。其中，0.37 表示构件安装的人工费比例，0.75 表示构件直接安装的人工费用所占比例。

（2）优化模型变量与参数设定

a_i：表示第 i 级工人在构件安装中的熟练程度；

x_i：表示第 i 级工人在构件安装期间的人工数量，单位为天·人；

b_i：表示第 i 级工人的数量；

s_i：表示第 i 级工人的工资标准；

C：表示构件直接安装的人工费用总额；

d_i：表示第 i 级工人在构件安装期间最少上工天数，其中 $70 \leqslant d_1$，$80 \leqslant d_2$，三级工人没有限制；

p：表示一级工人和二级工人数量之和与三级工人数量的最低比例；

e_i：表示第 i 级工人在构件安装期间最多上工天数，因此 $e_i = 90$。

该模型变量和参数如表 6.8-2 所示。

表 6.8-2　优化模型变量和参数

变量和参数	人数/人	人工费标准/（元·天$^{-1}$·人$^{-1}$）	熟练程度	人工数量/（天·人）
一级工人	4	400	0.85	x_1
二级工人	6	300	0.8	x_2
三级工人	10	200	0.75	x_3

（3）优化模型的构建

优化模型的构建如下：

在上述模型变量和参数设定的前提下，构建优化模型，具体如下：

$$\max z = \sum_{i=1}^{n} a_i x_i \tag{6.8-14}$$

$$\text{s.t.} \quad b_i d_i \leqslant x_i \leqslant b_i e_i \quad i = 1,\ 2,\ 3 \tag{6.8-15}$$

$$\sum_{i=1}^{n} s_i x_i \leqslant C \tag{6.8-16}$$

$$(x_1 + x_2) / x_3 \geqslant p \tag{6.8-17}$$

$$x_i \geqslant 0 \quad i = 1,\ 2,\ 3 \tag{6.8-18}$$

式（6.8-14）表示质量达到的最大水平；式（6.8-15）表示每级工人的工作量；式（6.8-16）表示对各级工人工作量的成本限制；式（6.8-17）表示一级工人和二级工人数量之和与三级工人数量的比例不低于其最低比例要求；式（6.8-18）表示变量的取值范围。

（4）优化模型的求解

根据以上变量和参数，结合具体的工程描述，构建线性规划方程，其目标函数为：

$$\max z = 0.85x_1 + 0.8x_2 + 0.75x_3 \tag{6.8-19}$$

$$\text{s.t.}\quad 4\times70 \leqslant x_1 \leqslant 4\times90 \tag{6.8-20}$$

$$6\times80 \leqslant x_2 \leqslant 6\times90 \tag{6.8-21}$$

$$x_3 \leqslant 10\times90 \tag{6.8-22}$$

$$400x_1 + 300x_2 + 200x_3 \leqslant 306862 \tag{6.8-23}$$

$$(x_1 + x_2)/x_3 \geqslant 2.5 \tag{6.8-24}$$

$$x_1, x_2, x_3 \geqslant 0 \tag{6.8-25}$$

根据 Lingo 软件得到的求解结果，可得 $(x_1, x_2, x_3)^{\mathrm{T}} = (280, 480, 254.31)^{\mathrm{T}}$，$z = 812.7325$。根据该结果，4 个一级工人应该工作 70 个工作日，6 个二级工人应该保证工作 80 个工作日，三级工人技术水平相对不太熟练，应当作为辅助力量工作 25.431 个工作日，这样能保证构件安装阶段质量水平的最大提升。至此，对构件安装的优化完毕。

6.9　多维度综合导向施工安全风险控制优化模型

6.9.1　多目标风险相关性导向的施工安全风险控制优化模型

6.9.1.1　模型符号变量说明

n：表示风险控制优化的风险源数量；

R：表示装配式建筑施工安全风险集；

R_j：表示第 j 个风险源；

P_j：表示第 j 个风险发生的可能性；

L_j：表示第 j 个风险发生所造成的损失值；

x_j：表示第 j 个风险源的决策变量，$x_j = 1$ 表示对第 j 个风险源实施控制，$x_j = 0$ 表示对第 j 个风险源不实施控制；

λ_j：表示第 j 个风险源的权重系数；

$V(R_j)$：表示第 j 个风险的期望损失值；

$V(R)$：表示系统整体风险期望损失值；

$V(R)_\lambda$：表示带放大效应的系统整体风险期望损失值；

$V(R)'$：表示考虑风险损失相关性时系统整体风险期望损失值；

$V(R)'_\lambda$：表示考虑风险损失相关性时带放大效应的系统整体风险期望损失值；

$V(R)_{\max}$：表示系统整体风险期望损失最大容许值；

$C(R_j)$：表示对第 j 个风险源进行优化控制所需成本；

$C(R)_{\max}$：表示风险控制优化所能使用的成本限额；

L_{jk}：表示第 j 个风险 R_j 和第 k 个风险 R_k 同时发生所造成的损失值；

P_{jk}：表示第 j 个风险 R_j 和第 k 个风险 R_k 同时发生的概率；

μ：表示模糊测度；

I_{jk}：表示风险源 R_j，R_k 的损失 L_j，L_k 的交互系数，取值范围为 $[-1, 1]$。

6.9.1.2　优化控制基本模型

设定装配式建筑施工项目风险集为 $R = \{R_j; j = 1, 2, \cdots, n\}$。采用风险衡量的基本公式定义第 j 个风险的期望损失值为：

$$V(R_j) = (1 - x_j)P_j L_j \quad j = 1, 2, \cdots, n \tag{6.9-1}$$

其中，$x_j = 1$ 时，$1 - x_j = 0$，即式(6.9-1)中第 j 个风险期望损失值为 0。不考虑风险相关性时系统整体期望风险损失值 $V(R)$ 等于各风险期望损失值总和，即：

$$V(R) = \sum_{j=1}^{n} (1 - x_j)V(R_j) = \sum_{j=1}^{n} (1 - x_j)P_j L_j \tag{6.9-2}$$

总风险控制成本为各风险控制成本的总和，即：

$$C(R) = \sum_{j=1}^{n} x_j C(R_j) \tag{6.9-3}$$

出于保守考虑，在一般损失值 L_j 的基础上作适当放大，结合放大效应和重要程度设定风险源 R_j 的损失放大系数为 e^{λ_j}，则不考虑风险相关性的带放大效应的系统整体期望风险损失值为：

$$V(R)_{\lambda} = \sum_{j=1}^{n} e^{\lambda_j}(1 - x_j)P_j L_j \tag{6.9-4}$$

该风险优化模型可表达为：

$$\min V(R)_{\lambda} \tag{6.9-5}$$

$$\min C(R) \tag{6.9-6}$$

$$\text{s.t.} \quad V(R)_{\lambda} \leqslant V(R)_{\max} \tag{6.9-7}$$

$$C(R) \leqslant C(R)_{\max} \tag{6.9-8}$$

$$x_j \in \{0, 1\} \quad j = 1, 2, \cdots, n \tag{6.9-9}$$

其中，式(6.9-5)表示系统风险期望损失值最小，式(6.9-6)表示投入成本最小，式(6.9-7)表示系统风险期望损失值不得超过最大容许值，式(6.9-8)表示风险控制成本不得超过风险控制优化所能使用的成本限额。

6.9.1.3　考虑风险相关性的优化控制模型

本模型中的优化目标之一为风险期望损失，故主要考虑从风险损失层面上来刻画风险之间的相关性。各个风险发生时带来的损失效应不是简单的叠加效应，某两个风险同时发生时所产生的损失可能会大于、小于或等于两个风险单独发生时的损失之和，其大小关系可表示为三种情况：

第一，$L_{jk} > L_j + L_k$，表示两个风险 j，k 同时发生带来的损失值大于两个风险分别发生引起的损失值，风险损失值呈现互补关系；

第二，$L_{jk} = L_j + L_k$，表示两个风险 j，k 同时发生时互不影响，风险损失值呈现独立可加关系；

第三，$L_{jk} < L_j + L_k$，表示两个风险 j，k 同时发生带来的损失值小于两个风险分别发生引起的损失值，风险损失值呈现冗余关系。

（1）基于 2-可加模糊测度的相关性描述

在不考虑风险损失相关性的情况下，所有风险损失之和为：

$$L = \sum_{j=1}^{n} L_j \tag{6.9-10}$$

设集合 $N = \{L_1, L_2, \cdots, L_n\}$，模糊测度 $\mu: N \to [0, 1]$ 满足 $\mu(\varphi) = 0$，$\mu(N) = 1$，并且满足：

$$\forall N_1, N_2 \subset N, N_1 \subset N_2 \Rightarrow \mu(N_1) \leqslant \mu(N_2) \tag{6.9-11}$$

假定 $L_1, L_2, \cdots, L_n$ 各不相等且已经过排序，即 $L_1 < L_2 < \cdots < L_n$。记 $N_j = L_j, \cdots, L_n$，$\mu_j = \mu(N_j)$，$\Delta \mu_j = \mu_j - \mu_{j+1}$，取 $L_0 = 0$，$\mu_{n+1} = 0$，则在基于模糊测度考虑风险损失相关性的情况下，所有风险损失之和 L' 为：

$$L' = n \sum_{j=1}^{n} (L_j - L_{j-1}) = n[(\mu_1 - \mu_2)L_1 + \cdots + \mu_n L_n] = n \sum_{j=1}^{n} \Delta \mu_j L_j \tag{6.9-12}$$

进一步对于 2-可加模糊测度，有：

$$\Delta \mu_j = \frac{1}{n} + \frac{1}{2} \sum_{u>j} I_{ju} - \frac{1}{2} \sum_{u<j} I_{ju} \tag{6.9-13}$$

其中 I_{ju} 表示 L_j 与 L_u 的交互系数，则式（6.9-12）可表示为：

$$L' = n \sum_{j=1}^{n} \left(\frac{1}{n} + \frac{1}{2} \sum_{u>j} I_{ju} - \frac{1}{2} \sum_{u<j} I_{ju} \right) = L + \frac{n}{2} \sum_{j=1}^{n} L_j \left(\sum_{u>j} I_{ju} - \sum_{j<u} I_{ju} \right) \tag{6.9-14}$$

在此基础上假设存在相关性的风险损失对无对外相关性，即若 L_j 与 L_k 存在相关性，则 L_j 与除 L_k 外的任一风险损失独立，L_k 也与除 L_j 外的任一指风险损失独立。不失一般性，考虑所有风险损失中仅存在相关对 (L_j, L_k)，$j < k$，则

$$L' = L + \frac{n}{2} L_j I_{jk} - \frac{n}{2} L_k I_{jk} = L + \frac{n}{2} (L_j - L_k) I_{jk} \tag{6.9-15}$$

此时考虑风险损失对 (L_j, L_k) 的相关性与不考虑其相关性相比，损失值的增量为 $\frac{n}{2}(L_j - L_k)I_{jk}$，风险 j 与风险 k 同时发生时造成的损失 L_{jk} 表示为：

$$L_{jk} = L_j + L_k + \frac{n}{2}(L_j - L_k)I_{jk} \tag{6.9-16}$$

（2）考虑风险相关性的多目标风险优化模型建模

假设风险发生的概率是相互独立的，即 $P_{jk} = P_j P_k$，用 $L_{jk} - L_j - L_k$ 表示剔除原先风险独自发生时产生的风险值，Z 表示存在损失相关性的风险对构成的集合，则考虑风险损失相关性时系统整体风险期望损失值 $V(R)'$ 表示为：

$$V(R)' = \sum_{j=1}^{n} (1 - x_j) P_j L_j + \sum_{(j,\,k) \in Z} (1 - x_j)(1 - x_k) P_j P_k (L_{jk} - L_j - L_k)$$

$$(6.9\text{-}17)$$

进一步，考虑风险损失相关性时带放大效应的系统整体风险期望损失值为：

$$V(R)'_\lambda = \sum_{j=1}^{n} e^{\lambda_j}(1 - x_j) P_j L_j +$$

$$\sum_{(j,\,k) \in Z} (1 - x_j)(1 - x_k) P_j P_k \left(\frac{e^{\lambda_j} + e^{\lambda_k}}{2} L_{jk} - e^{\lambda_j} L_j - e^{\lambda_k} L_k \right) \quad (6.9\text{-}18)$$

此时考虑风险相关性的优化模型可表示为：

$$\min V(R)'_\lambda \quad\quad\quad\quad\quad\quad (6.9\text{-}19)$$

$$\min C(R) \quad\quad\quad\quad\quad\quad (6.9\text{-}20)$$

$$\text{s.t.} \quad V(R)'_\lambda \leqslant V(R)_{\max} \quad\quad (6.9\text{-}21)$$

$$C(R) \leqslant C(R)_{\max} \quad\quad\quad (6.9\text{-}22)$$

$$x_j \in \{0,\ 1\} \quad j = 1,\ 2,\ \cdots,\ n \quad (6.9\text{-}23)$$

6.9.1.4 Discrete-MOPSO 算法求解设计

（1）算法的设计思路

MOPSO 引入经济学中帕累托均衡的思想来求解，采用高效的集群并行计算方式搜索，优化结果并不限于单值解，而是一次运行中就能获得非劣解集。对于离散型变量问题，Discrete-MOPSO 中粒子在位置上取值为相应的有限值或可列值。本模型为离散多目标问题，目标欲使 $V(R)$ 和 $C(R)$ 均达最小。

设粒子数目为 m，记粒子位置集为：

$$M_x = \{ \boldsymbol{x}_1,\ \boldsymbol{x}_2,\ \cdots,\ \boldsymbol{x}_m \} \quad\quad (6.9\text{-}24)$$

其中 $\boldsymbol{x}_i = [x_{i1},\ \cdots,\ x_{in}]^{\mathrm{T}}$，$x_{ij} \in \{0,\ 1\}$ $(i = 1,\ 2,\ \cdots,\ m;\ j = 1,\ 2,\ \cdots,\ n)$。

对 $\forall \boldsymbol{x}_h, \boldsymbol{x}_l \in M_x(\boldsymbol{x}_h \neq \boldsymbol{x}_l)$，设其对应的目标函数值分别为 $V(R)^{(h)}$，$C(R)^{(h)}$ 和 $V(R)^{(l)}$，$C(R)^{(l)}$。若 $V(R)^{(h)} \leqslant V(R)^{(l)}$ 且 $C(R)^{(h)} \leqslant C(R)^{(l)}$，则称粒子 $\boldsymbol{x}_h$ 优于粒子 $\boldsymbol{x}_l$；若 $V(R)^{(h)} \leqslant V(R)^{(l)}$ 且 $C(R)^{(h)} > C(R)^{(l)}$，或 $V(R)^{(h)} < V(R)^{(l)}$ 且 $C(R)^{(h)} \geqslant C(R)^{(l)}$，或 $V(R)^{(h)} \geqslant V(R)^{(l)}$ 且 $C(R)^{(h)} < C(R)^{(l)}$，或 $V(R)^{(h)} > V(R)^{(l)}$ 且 $C(R)^{(h)} \leqslant C(R)^{(l)}$，则称粒子 $\boldsymbol{x}_h$ 非劣于粒子 $\boldsymbol{x}_l$。若某粒子优于或非劣于粒子集中的其他粒子，则称该粒子为非劣粒子。设非劣粒子组成的集合为 Θ。

（2）算法的流程设计

记粒子速度集为：

$$M_v = \{ \boldsymbol{v}_1,\ \boldsymbol{v}_2,\ \cdots,\ \boldsymbol{v}_m \} \quad\quad (6.9\text{-}25)$$

其中，$\boldsymbol{v}_i = [v_{i1},\ \cdots,\ v_{in}]^{\mathrm{T}}$，$v_{ij} \in \mathbf{R}(i = 1,\ 2,\ \cdots,\ m;\ j = 1,\ 2,\ \cdots,\ n)$。

记 φ_1，φ_2 为加速因子，$\omega_{\min}$ 为最小惯性权重，$\omega_{\max}$ 为最大惯性权重；以 α 表示迭代轮次，$\alpha = 1,\ 2,\ \cdots,\ A$；$i$ 表示粒子序号，$i = 1,\ 2,\ \cdots,\ m$；j 表示风险源序号，$j = 1,\ 2,\ \cdots,\ n$。设在第 α 轮迭代中：粒子 i 的当前位置为 $\boldsymbol{x}_i^{(\alpha)}$，历史最优位置为 $\boldsymbol{g}_i^{(\alpha)}$；全局的最优位置

为 $\boldsymbol{b}^{(\alpha)}$ 。

惯性权重值采用 Shi 提出的线性递减权值(LDW)策略更新公式:

$$\omega^{(\alpha)} = \omega_{\max} - \frac{\omega_{\max} - \omega_{\min}}{A} \cdot \alpha \tag{6.9-26}$$

(3)算法的实现步骤与代码编写

步骤 1:确定参数。确定粒子数量 m ,迭代次数 A ,非劣解集元素数量上限 $\Theta_{\max}$,式(6.9-26)中的惯性权重参数 $\omega_{\max}$, $\omega_{\min}$ 和加速因子 φ_1 和 φ_2 。

步骤 2:初始化粒子群的位置 M_x 和速度 M_v 。对于位置初始化,每个粒子的各个位置维度等概率随机取 0 或 1;对于速度初始化,每个粒子的各个速度维度取 $Uniform(-1,$ $1)$ 分布的随机数。

步骤 3:取当前粒子群的位置 $\{\boldsymbol{x}_1, \boldsymbol{x}_2, \cdots, \boldsymbol{x}_m\}$ 作为粒子群历史最优位置 $\{\boldsymbol{g}_1, \boldsymbol{g}_2,$ $\cdots, \boldsymbol{g}_m\}$ 。根据粒子群历史最优位置选出非劣粒子集 $\Theta = \{\boldsymbol{o}_1, \boldsymbol{o}_2, \cdots, \boldsymbol{o}_l\}$ 。

步骤 4:更新粒子群历史最优位置。对每个粒子 $i(i = 1, 2, \cdots, m)$,比较其当前位置 $\boldsymbol{x}_i$ 与其历史最优位置 $\boldsymbol{g}_i$ 的目标函数值 $V(R)$, $C(R)$ 的关系。若 $\boldsymbol{x}_i$ 优于 $\boldsymbol{g}_i$,则将历史最优位置更新为 $\boldsymbol{x}_i$;若 $\boldsymbol{g}_i$ 优于 $\boldsymbol{x}_i$,则历史最优位置不变;若 $\boldsymbol{x}_i$ 与 $\boldsymbol{g}_i$ 为非劣关系,则从中等概率随机取一个以更新历史最优位置。

步骤 5:更新非劣粒子集。根据粒子群历史最优位置确定临时非劣粒子集 Θ' ,再综合 Θ' 与原非劣粒子集 Θ 以确定新的非劣粒子,以此更新 Θ 。

步骤 6:计算非劣粒子集 Θ 中非劣粒子的概率信息。对于有 n 个风险源的问题,粒子位置空间维数为 n ,且每个位置维度的取值为 0 或 1,则位置空间可表示为 2^n 个点构成的集合。设非劣解集的粒子覆盖位置空间的 h 个点 $H_1, \cdots, H_h$,并记点 H_a 处有 l_a 个粒子($\sum_{a=1}^{h} l_a = l$),则取非劣粒子 $\boldsymbol{o}_u$ 的特征概率 q_u 为

$$q_u = \frac{1}{hl_a} \quad \boldsymbol{o}_u \in H_a; u = 1, 2, \cdots, l \tag{6.9-27}$$

若 Θ 超额,即 $l > \Theta_{\max}$,则从中按不等概率抽样方法随机抽取 $\Theta_{\max}$ 个元素作为非劣解集,抽样概率为式(6.9-27)计算的结果。再按式(6.9-27)更新非劣粒子的概率信息。

步骤 7:更新全局最优位置,即从非劣解集 Θ 中按等概率抽样方法随机抽取 1 个元素作为全局最优位置 $\boldsymbol{b}$ 。

步骤 8:按式(6.9-26)更新 ω 值,按式(6.9-27)更新粒子群速度 M_v ,按式(6.9-26)更新粒子群位置 M_x 。

步骤 9:若迭代完成,则从非劣粒子集 Θ 中选出 $V(R) + C(R)$ 值最小的粒子位置作为全局最佳位置;否则返回步骤 4。

6.9.1.5　模型应用与验证

(1)风险因素发生概率蒙特卡罗模拟

① DM 项目风险因素贝叶斯网络图。

绘制出 DM 项目的贝叶斯网络结构如图 6.9-1 所示。

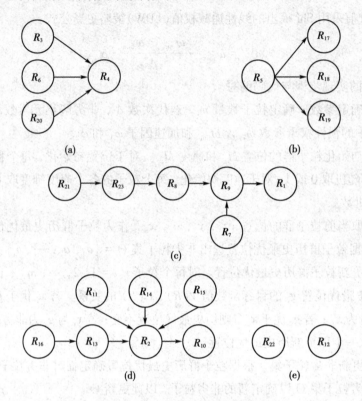

图 6.9-1　风险因素贝叶斯网络图

② 风险因素条件概率表与转移矩阵构建。

统计类似项目，确定不同状态下各风险因素发生概率，如表 6.9-1 所示。

表 6.9-1　不同状态下风险发生的概率

风险因素	低	中	高	风险因素	低	中	高
R_1	0.21	0.42	0.65	R_{13}	0.29	0.59	0.66
R_2	0.30	0.58	0.69	R_{14}	0.30	0.60	0.64
R_3	0.26	0.49	0.61	R_{15}	0.14	0.46	0.66
R_4	0.30	0.63	0.70	R_{16}	0.16	0.44	0.65
R_5	0.36	0.52	0.70	R_{17}	0.24	0.49	0.65
R_6	0.28	0.43	0.69	R_{18}	0.28	0.58	0.63
R_7	0.30	0.61	0.63	R_{19}	0.26	0.61	0.66
R_8	0.27	0.45	0.70	R_{20}	0.39	0.63	0.66
R_9	0.28	0.58	0.67	R_{21}	0.26	0.49	0.65
R_{10}	0.27	0.59	0.70	R_{22}	0.29	0.55	0.69
R_{11}	0.29	0.46	0.67	R_{23}	0.27	0.56	0.69
R_{12}	0.26	0.51	0.68				

以原始不同状态下各风险发生的概率为基础,考虑各风险因素的特性,生成多个状态转移矩阵。以风险 R_1 的状态转移矩阵(如表 6.9-2 所示)为例进行说明。当 R_1 处于低风险状态时,风险转移状态有三种情况,保持低风险状态的概率为 0.38,向中风险状态转移的概率为 0.33,向高风险状态转移的概率为 0.29;R_1 处于中风险状态时,除不能向低风险状态转移外其他情况以此类推;当 R_1 处于高风险状态时,在不采取策略情况下只能保持高风险状态而不能向低风险或者中风险状态转移。

表 6.9-2 风险 R_1 的状态转移矩阵

R_1	低	中	高
低	0.38	0.33	0.29
中	0.00	0.54	0.46
高	0.00	0.00	1.00

③ 安全风险因素发生概率的集成。

根据图 6.9-1 确定初级以及次级风险源状态先验概率。各风险源的初级风险源状态先验概率如表 6.9-3 所示。由于次级风险源状态先验概率涉及内容较多,以图 6.9-1(a)中风险 R_4 处于低风险状态下为例进行简单说明,见表 6.9-4。

表 6.9-3 初级风险源状态先验概率

风险因素	低	中	高
R_3	0.23	0.43	0.34
R_6	0.31	0.46	0.23
R_{20}	0.24	0.47	0.29
R_5	0.28	0.50	0.22
R_{22}	0.43	0.38	0.19
R_{21}	0.36	0.39	0.25
R_7	0.32	0.38	0.30
R_{16}	0.25	0.42	0.33
R_{14}	0.31	0.54	0.15
R_{15}	0.22	0.41	0.37
R_{11}	0.23	0.46	0.31
R_{10}	0.33	0.39	0.28

表 6.9-4　次级风险状态先验概率(以图 6.9-1(a)为例)

$P(R_4=低)$	$R_3=低$			$R_3=中$			$R_3=高$		
	$R_6=低$	$R_6=中$	$R_6=高$	$R_6=低$	$R_6=中$	$R_6=高$	$R_6=低$	$R_6=中$	$R_6=高$
$R_{20}=低$	0.53	0.49	0.4	0.48	0.3	0.39	0.41	0.33	0.19
$R_{20}=中$	0.47	0.31	0.29	0.33	0.15	0.12	0.37	0.16	0.11
$R_{20}=高$	0.39	0.31	0.16	0.3	0.14	0.13	0.18	0.14	0.09

④ 风险发生概率蒙特卡罗模拟。

将 23 个风险因素进行蒙特卡洛模拟,设定模拟次数为 50000 次,风险发生概率模拟如图 6.9-2 所示,各风险源发生概率模拟结果如表 6.9-5 所示。

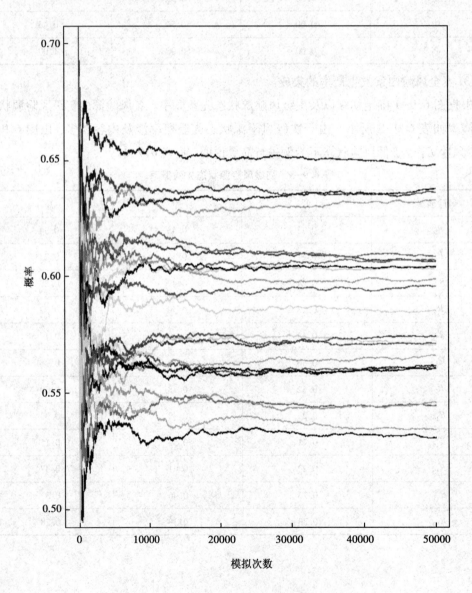

图 6.9-2　风险发生概率模拟

表6.9-5　各风险源的发生概率模拟结果

风险因素	模拟所得 μ	风险因素	模拟所得 μ
R_1	0.21	R_{13}	0.29
R_2	0.30	R_{14}	0.30
R_3	0.26	R_{15}	0.14
R_4	0.30	R_{16}	0.16
R_5	0.36	R_{17}	0.24
R_6	0.28	R_{18}	0.28
R_7	0.30	R_{19}	0.26
R_8	0.27	R_{20}	0.39
R_9	0.28	R_{21}	0.26
R_{10}	0.27	R_{22}	0.29
R_{11}	0.29	R_{23}	0.27
R_{12}	0.26		

（2）风险因素相关数据采集

根据安全风险因素辨识清单，从DM项目人、机、料、环、法、管理6个方面进行行业调研及数据采集。其中的风险权重运用G1-物元分析法获得，风险事故率通过采集类似项目数据进行风险发生概率模拟所得，风险控制成本及风险带来的损失值（单位均为万元）参照该项目近三年的相关资料及通过询问项目相关人员综合获得，最终结果取平均值。各项具体数值见表6.9-6。

表6.9-6　DM装配式建筑项目风险因素及各项数据

一级指标	二级指标	风险权重	风险事故率	风险控制成本/万元	风险发生所造成损失值/万元
人员风险因素	人机混合作业 R_1	0.016	0.21	0.95	24.25
	高处作业 R_2	0.035	0.30	3.12	25.60
	高强度作业引起的疲劳施工 R_3	0.019	0.26	2.22	7.65
	施工人员违规操作 R_4	0.053	0.30	1.90	12.30
	缺乏专业技术人员 R_5	0.033	0.36	0.92	17.95
	从业人员素质较低，安全意识薄弱 R_6	0.011	0.28	1.35	25.80
机械设备风险因素	相关设备的运行维护、定期安全检测等不到位 R_7	0.056	0.30	1.15	34.45
	运输、吊装及灌浆专用设备的选型、布置等不合理 R_8	0.037	0.27	2.87	6.25
	设备故障、老化 R_9	0.074	0.28	2.82	12.70

表6.9-6(续)

一级指标	二级指标	风险权重	风险事故率	风险控制成本/万元	风险发生所造成损失值/万元
材料风险因素	和施工有关的安全防护用品质量不合格 R_{10}	0.078	0.27	4.62	28.70
	施工过程中所用的建筑材料不符合规范 R_{11}	0.050	0.29	4.22	21.80
	施工材料随意堆放 R_{12}	0.039	0.26	2.12	9.30
环境风险因素	作业面狭窄,光线照明不足 R_{13}	0.071	0.36	1.97	12.80
	临边洞口等防护措施不到位 R_{14}	0.066	0.45	1.30	16.80
	施工场地周围存在带电高压导线、地下燃气管道等危险源 R_{15}	0.016	0.29	2.45	34.90
	气候恶劣 R_{16}	0.014	0.31	1.80	18.25
技术风险因素	临时支撑体系等安全防护处理技术存在缺陷 R_{17}	0.066	0.58	2.62	11.30
	吊装设备的附着措施等存在施工工艺缺陷 R_{18}	0.056	0.39	1.47	6.75
	预制构件的组装、关键部位的处理等存在施工技术缺陷 R_{19}	0.045	0.64	0.82	22.95
管理风险因素	缺乏相关安全教育培训 R_{20}	0.066	0.54	1.87	29.80
	安全生产管理制度与现场实际施工情况不匹配 R_{21}	0.026	0.49	1.60	14.45
	缺乏统一有效的管理标准、监理机制 R_{22}	0.032	0.58	3.55	49.35
	施工过程中多方协调管理不到位 R_{23}	0.043	0.61	2.80	32.65

(3)风险因素发生相关性识别

对表6.9-6中的风险因素进行风险因素集对识别。选取原则为:若某风险与另一风险存在的相关性强于该风险与第三方风险因素间的风险相关性,则只考虑风险相关性最强的两个风险作为风险集对;各风险集对之间呈现的相关性较强的纳入考虑范围内,较弱的不予考虑。综合考虑该项目的实际情况识别出以下7对存在风险相关性的风险集对。编号1,3,4,5的风险集对呈现冗余关系,编号为2,6,7的风险集对呈现互补关系,具体如表6.9-7所示。

表 6.9-7 存在风险相关性的风险集对

编号	存在相关性的风险集对	单个风险发生时的损失/万元	同时发生时的损失/万元
1	缺乏专业技术人员 R_5	17.95	29.40
	预制构件的组装、关键部位的处理等存在施工技术缺陷 R_{19}	22.95	
2	施工人员违规操作 R_4	12.30	72.22
	相关设备的运行维护、定期安全检测等不到位 R_7	34.45	
3	从业人员素质较低，安全意识薄弱 R_6	25.80	37.20
	缺乏相关安全教育培训 R_{20}	29.80	
4	施工过程中所用的建筑材料不符合规范 R_{11}	21.80	55.31
	缺乏统一有效的管理标准、监理机制 R_{22}	49.35	
5	施工材料随意堆放 R_{12}	9.30	20.79
	安全生产管理制度与现场实际施工情况不匹配 R_{21}	14.45	
6	高处作业 R_2	25.60	62.64
	临边洞口等防护措施不到位 R_{14}	16.80	
7	作业面狭窄，光线照明不足 R_{13}	12.80	43.59
	气候恶劣 R_{16}	18.25	

(4)优化模型求解

① 实验环境与实现工具选择。

结合项目并参考相关文献研究对各参数设置如下：$\omega_{max} = 0.9$，$\omega_{min} = 0.4$，$A = 5000$，$\varphi_1 = \varphi_2 = 1.49618$，粒子种群规模 $m = 100$，外部存储器容量为 $\Theta_{max} = 200$。运用 R 语言编程分别对考虑相关性前后的优化模型进行求解。

② 优化模型求解与结果分析。

假设在资金足够充足的条件下，控制成本及系统整体风险损失值无约束，运算结果如图 6.9-3 所示。图中考虑风险相关性前后的非劣解分别为 93 个与 110 个，风险损失值与风险控制成本之间呈现非线性关系。随着风险控制成本投入的增加，系统整体风险损失值在逐渐减少，控制成本接近 0 时候，系统风险损失值最大，接近 300 万元，风险控制成本接近 50 万元时，所有的风险几乎都得到控制。

设置 4 种不同约束条件。约束一：整体风险损失上限 $V(R)_{max} = 100$ 万元，风险控制总成本上限 $C(R)_{max} = 25$ 万元；约束二：$V(R)_{max} = 100$ 万元，$C(R)_{max} = 30$ 万元；约束三：$V(R)_{max} = 100$ 万元，$C(R)_{max} = 35$ 万元；约束四：$V(R)_{max} = 100$ 万元，$C(R)_{max} = 40$ 万元。考虑相关性前后不同约束条件得到非劣解集如图 6.9-4 和图 6.9-5 所示。从图 6.9-4 中可见考虑相关性前后不同约束条件下的 $V(R)$-$C(R)$ 都近似呈线性关系。从图 6.9-5 中可以看出，风险控制成本 $C(R) \leqslant 25$ 万元时，考虑风险相关性前后的 $V(R)$-C

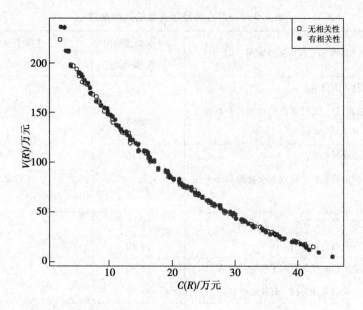

图6.9-3　无约束条件下 $V(R)-C(R)$ 关系图

(R) 呈现的差异性很大,此时考虑风险相关性可降低更多的风险损失,当 $C(R) \leqslant 30$ 万元时,呈现的差异性较为显著,当 $C(R) \leqslant 35$ 万元与 $C(R) \leqslant 40$ 万元时几乎无显著性差别。原因在于,随着控制成本约束条件的放松,更多风险因素得到控制,使得能够体现风险相关性的因素得到了控制,相关性效应不复存在,所以此时考虑相关性与否所得到结果无显著差异。

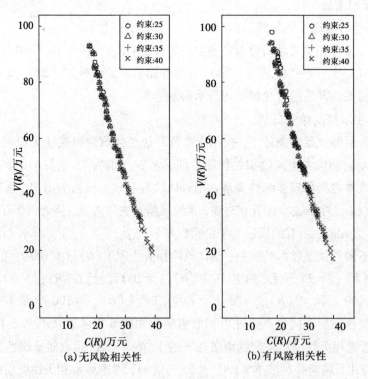

图6.9-4　有无风险相关性的 $V(R)-C(R)$ 对比图

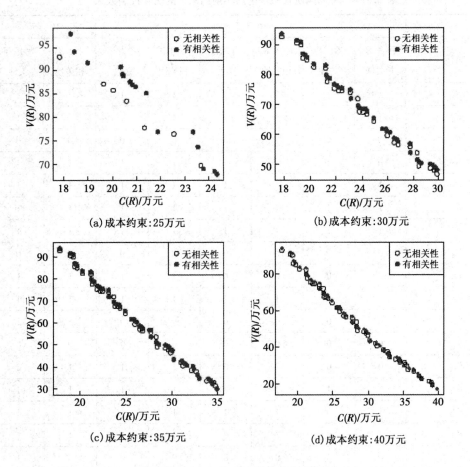

(a) 成本约束:25万元

(b) 成本约束:30万元

(c) 成本约束:35万元

(d) 成本约束:40万元

图 6.9-5　不同约束下的非劣解集对比图

对比考虑风险相关性前后优化控制效果,具体数据见表 6.9-8。当约束成本为 $C(R) \leq 30$ 万元与 $C(R) \leq 35$ 万元时,两种约束条件下的控制策略和全局最优成本都相同,但全局最优风险损失在考虑风险相关性情况下与不考虑风险相关性的情况却不同,这是风险相关性带来的影响造成的差异。当约束成本为 $C(R) \leq 25$ 万元,考虑风险相关性前后的全局最优成本增加 0.67 万元时,全局最优风险损失值减少了 1.92 万元,当 $C(R) \leq 40$ 万元时,考虑风险相关性前后的全局最优成本增加 0.65 万元时,全局最优风险损失值减少了 2.06 万元。这说明在风险控制成本优化时将风险相关性纳入考虑,能更好地增加优化模型的合理性。

表 6.9-8 考虑风险相关性前后不同约束下的优化控制效果

约束右端项指标	25 万元		30 万元		35 万元		40 万元	
	不考虑相关性	考虑相关性	不考虑相关性	考虑相关性	不考虑相关性	考虑相关性	不考虑相关性	考虑相关性
R_1	1	1	1	1	1	1	1	1
R_2	1	1	1	1	1	1	1	1
R_3	0	0	0	0	0	0	0	0
R_4	0	1	1	1	1	1	1	1
R_5	1	1	1	1	1	1	1	1
R_6	1	1	1	1	1	1	1	1
R_7	1	1	1	1	1	1	1	1
R_8	0	0	0	0	0	0	0	0
R_9	0	0	0	0	1	1	1	1
R_{10}	0	1	1	1	1	1	1	1
R_{11}	0	0	0	0	0	0	1	1
R_{12}	0	0	0	0	0	0	0	0
R_{13}	0	0	0	0	1	1	1	0
R_{14}	1	1	1	1	1	1	1	1
R_{15}	1	0	1	1	1	1	1	1
R_{16}	1	1	0	0	1	1	1	1
R_{17}	0	0	0	0	0	0	0	1
R_{18}	0	0	1	1	0	0	0	0
R_{19}	1	1	1	1	1	1	1	1
R_{20}	1	1	1	1	1	1	1	1
R_{21}	1	0	1	1	1	1	1	1
R_{22}	1	1	1	1	1	1	1	1
R_{23}	1	1	1	1	1	1	1	1
全局最优风险损失值/万元	69.63	67.71	46.37	47.84	29.85	29.86	19.31	17.25
全局最优控制成本/万元	23.68	24.35	29.87	29.87	34.99	34.99	39.21	39.86

6.9.2　多目标综合导向施工安全风险模糊控制优化模型

6.9.2.1　多目标模糊优化模型构建

确定性资源条件下的工期-成本-质量-安全-环保模型在应用中缺乏弹性,并不能很好地模拟实际项目施工过程中的各种情况。传统的多目标优化模型具有很强的理论意义,但在实际应用中略显生硬。并且,关于工期-成本-质量模型的优化研究很多都集中转换为了单目标优化问题,这在很大程度上抑制了多种解的出现,现实情况的复杂性决定了各个解应当具备多样性,可供决策者在不同偏重条件下进行更符合实际的选择。因此,在对确定性资源条件研究的基础上,加入了模糊数的理论,构建出了多目标模糊优化模型,从而与实际相吻合。

(1)工期-成本模糊优化模型相关表达式分析

对成本函数构建的研究主要集中在对成本构成的研究,从不同角度对成本进行研究,就会有不同的分类方式,各种分类方式直接决定了成本函数的构成。笔者的研究主要是站在承包商的角度进行工程项目成本的优化,因此采用承包商角度的分类方式,主要采用直接成本和间接成本共同构成项目总成本的方式。

在构建模型的时候,主要决策变量采用各个工序的持续时间 T_i 作为基础,因此在构建模型的时候最需要考虑的就是直接成本、间接成本和工序持续时间之间的关系,以此来确定总成本和时间之间的相互关系。对成本之间关系的研究有不同的结论,将成本分成两类或者三类。分成三类是将利润和税金等都加入成本的分类,但是这种分类中的利润和税金并没有确定的函数关系,根据不同地区的不同情况会有不同的结果,不能用确定的函数关系。而成本里的直接成本和间接成本占据主要部分,因此,在进行成本构成分解的过程中,主要将成本分为直接成本和间接成本。

对成本进行函数构建:

$$\widetilde{C} = \sum_{i \in CP, \, i=1}^{m} \left[\frac{\widetilde{C}_{imax} - \widetilde{C}_{imin}}{(\widetilde{T}_{imax} - \widetilde{T}_{imin})^2} (\widetilde{T}_i - \widetilde{T}_{imax}) + \widetilde{C}_{imin} \right] \tag{6.9-28}$$

其中,CP 表示项目关键线路上所有工序的集合,$\widetilde{C}_{imax}$、$\widetilde{C}_{imin}$ 分别表示工序 i 的模糊最高总成本和模糊最低总成本,且有 $\widetilde{T}_{imin} \leqslant \widetilde{T}_i \leqslant \widetilde{T}_{imax}$,$i = 1, 2, \cdots, m$。

(2)工期-质量模糊优化模型

前一节已经对质量与工期之间的函数关系进行了推导,因此对确定性资源条件下的模型进行修改,得出模糊质量函数:

$$\widetilde{Q} = \sum_{i \in CP, \, i=1}^{m} \widetilde{\omega}_{qi} \widetilde{Q}_i = \sum_{i=1}^{m} \widetilde{\omega}_{qi} \left[\frac{\widetilde{Q}_{imax} - \widetilde{Q}_{imin}}{(\widetilde{T}_{imax} - \widetilde{T}_{imin})^2} (\widetilde{T}_i - \widetilde{T}_{imax})^2 + \widetilde{Q}_{imin} \right] \tag{6.9-29}$$

其中，$\widetilde{Q}$ 表示项目实际模糊质量水平；$\widetilde{Q}_i$ 表示工序 i 的模糊质量水平，$0 \leq \widetilde{Q}_i \leq 1$，$i = 1$，$2$，$\cdots$，$m$；$\widetilde{\omega}_{qi}$ 表示工序 i 的模糊质量占项目模糊总质量的权重，$\sum\limits_{i=1}^{m} \widetilde{\omega}_{qi} = 1$，$\widetilde{\omega}_{qi} > 0$，$i = 1$，$2$，$\cdots$，$m$；其他符号同上。

（3）工期-安全模糊优化模型

在确定性工期-安全优化模型的基础上联系实际，得模糊安全模型：

$$\widetilde{S}_i = 1 - \widetilde{p}_{0i}\left[1 - \frac{\Delta\widetilde{p}_{imax} - \Delta\widetilde{p}_{imin}}{(\widetilde{T}_{imax} - \widetilde{T}_{imin})^2}(\widetilde{T}_i - \widetilde{T}_{imin})^2 - \Delta\widetilde{p}_{imin}\right] \tag{6.9-30}$$

定义整个工程项目安全水平可以由各项工序活动的模糊安全水平的加权平均，并以网络计划技术中关键工序的模糊持续时间之和表示项目的最优工期，可以得出装配式建筑施工项目的模糊工期-安全优化模型为：

$$\widetilde{S} = \sum_{i \in CP, i=1}^{m} \widetilde{\omega}_{si}\widetilde{S}_i = \sum_{i=1}^{m} \widetilde{\omega}_{si}\left\{(1 - \widetilde{p}_{0i})\left[1 - \frac{\Delta\widetilde{p}_{imax} - \Delta\widetilde{p}_{imin}}{(\widetilde{T}_{imax} - \widetilde{T}_{imin})^2}(\widetilde{T}_i - \widetilde{T}_{imin})^2 - \Delta\widetilde{p}_{imin}\right]\right\}$$

$$\tag{6.9-31}$$

其中，$\widetilde{\omega}_{si}$ 为工序 i 在整个工程项目中的模糊安全权重，且 $\widetilde{\omega}_{si} > 0$，$\sum \widetilde{\omega}_{si} = 1$；$\widetilde{S}$ 表示项目的模糊安全水平；$\widetilde{S}_i$ 表示工序 i 的模糊安全水平，有 $0 \leq \widetilde{S}_i \leq 1$；其他符号同上。

（4）环境与其他目标模糊优化模型

随着工序模糊持续时间的增长，投入的费用增多，环境保护水平也在一定程度上得到提升，由此可得模糊环境保护目标与工序持续时间的关系式如下：

$$\widetilde{E}_i = \frac{\widetilde{E}_{imax} - \widetilde{E}_{imin}}{(\widetilde{T}_{imax} - \widetilde{T}_{imin})^2}(\widetilde{T}_i - \widetilde{T}_{imin})^2 + \widetilde{E}_{imin} \tag{6.9-32}$$

在确定性资源研究的基础上重新定义整个工程项目模糊环境保护水平，根据各项工序活动的环境保护水平的加权可以得出装配式建筑施工项目的模糊工期-环境保护优化模型为：

$$\widetilde{E} = \sum_{i \in CP, i=1}^{m} \widetilde{\omega}_{ei}\widetilde{E}_i = \sum_{i=1}^{m} \widetilde{\omega}_{ei}\left[\frac{\widetilde{E}_{imax} - \widetilde{E}_{imin}}{(\widetilde{T}_{imax} - \widetilde{T}_{imin})^2}(\widetilde{T}_i - \widetilde{T}_{imin})^2 + \widetilde{E}_{imin}\right] \tag{6.9-33}$$

其中，$\widetilde{\omega}_{ei}$ 为工序 i 在整个工程项目中的模糊环境保护权重，且 $\widetilde{\omega}_{ei} > 0$，$\sum \widetilde{\omega}_{ei} = 1$；$\widetilde{E}$ 表示项目的模糊环境保护水平；$\widetilde{E}_i$ 表示工序 i 的模糊环境保护水平，有 $0 \leq \widetilde{E}_i \leq 1$；其他符号同上。

（5）多目标模糊优化模型

考虑集模糊工期、模糊工期-成本、模糊工期-质量、模糊工期-安全、模糊工期-环境保护于一体的多目标模糊优化模型建立如下：

$$\min f(\widetilde{T}) = \frac{(\widetilde{T} - \widetilde{T}_{\min})^2}{(\widetilde{T}_{\min} - \widetilde{T}_{\max})^2} \tag{6.9-34}$$

$$\min f(\widetilde{C}) = \frac{(\widetilde{C} - \widetilde{C}_{\min})^2}{(\widetilde{C}_{\min} - \widetilde{C}_{\max})^2} \tag{6.9-35}$$

$$\min f(\widetilde{Q}) = 1 - \frac{(\widetilde{Q} - \widetilde{Q}_{\min})^2}{(\widetilde{Q}_{\min} - \widetilde{Q}_{\max})^2} \tag{6.9-36}$$

$$\min f(\widetilde{S}) = 1 - \frac{(\widetilde{S} - \widetilde{S}_{\min})^2}{(\widetilde{S}_{\min} - \widetilde{S}_{\max})^2} \tag{6.9-37}$$

$$\min f(\widetilde{E}) = 1 - \frac{(\widetilde{E} - \widetilde{E}_{\min})^2}{(\widetilde{E}_{\min} - \widetilde{E}_{\max})^2} \tag{6.9-38}$$

$$\text{s.t.} \quad \widetilde{T} = \sum_{i \in CP, i=1}^{m} \widetilde{T}_i \tag{6.9-39}$$

$$\widetilde{C} = \sum_{i \in CP, i=1}^{m} \widetilde{C}_i = \sum_{i \in CP, i=1}^{m} \left[\frac{\widetilde{C}_{i\max} - \widetilde{C}_{i\min}}{(\widetilde{T}_{i\max} - \widetilde{T}_{i\min})^2} (\widetilde{T}_i - \widetilde{T}_{i\max})^2 + \widetilde{C}_{i\min} \right] \tag{6.9-40}$$

$$\widetilde{Q} = \sum_{i \in CP, i=1}^{m} \widetilde{\omega}_{qi} \widetilde{Q}_i = \sum_{i=1}^{m} \widetilde{\omega}_{qi} \left[\frac{\widetilde{Q}_{i\max} - \widetilde{Q}_{i\min}}{(\widetilde{T}_{i\max} - \widetilde{T}_{i\min})^2} (\widetilde{T}_i - \widetilde{T}_{i\max})^2 + \widetilde{Q}_{i\min} \right] \tag{6.9-41}$$

$$\widetilde{S} = \sum_{i \in CP, i=1}^{m} \widetilde{\omega}_{si} \widetilde{S}_i = \sum_{i \in CP, i=1}^{m} \widetilde{\omega}_{si} (1 - \widetilde{p}_{0i}) \left[1 - \frac{\Delta \widetilde{p}_{i\max} - \Delta \widetilde{p}_{i\min}}{(\widetilde{T}_{i\max} - \widetilde{T}_{i\min})^2} (\widetilde{T}_i - \widetilde{T}_{i\max})^2 - \Delta \widetilde{p}_{i\min} \right]$$
$$\tag{6.9-42}$$

$$\widetilde{E} = \sum_{i \in CP, i=1}^{m} \widetilde{\omega}_{ei} \widetilde{E}_i = \sum_{i \in CP, i=1}^{m} \widetilde{\omega}_{ei} \left[\frac{\widetilde{E}_{i\max} - \widetilde{E}_{i\min}}{(\widetilde{T}_{i\max} - \widetilde{T}_{i\min})^2} (\widetilde{T}_i - \widetilde{T}_{i\min})^2 + \widetilde{E}_{i\min} \right] \tag{6.9-43}$$

$$\widetilde{T}_{\min} \leqslant \widetilde{T} \leqslant \widetilde{T}_{\max} \tag{6.9-44}$$

$$\widetilde{T}_{\min} \leqslant \widetilde{T}_i \leqslant \widetilde{T}_{\max} \tag{6.9-45}$$

$$\widetilde{C}_{\min} \leqslant \widetilde{C} \leqslant \widetilde{C}_{\max} \tag{6.9-46}$$

$$\widetilde{C}_{\min} \leqslant \widetilde{C}_i \leqslant \widetilde{C}_{\max} \qquad (6.9-47)$$

$$\widetilde{Q}_{\min} \leqslant \widetilde{Q} \leqslant \widetilde{Q}_{\max} \qquad (6.9-48)$$

$$\widetilde{Q}_{\min} \leqslant \widetilde{Q}_i \leqslant \widetilde{Q}_{\max} \qquad (6.9-49)$$

$$\widetilde{S}_{\min} \leqslant \widetilde{S} \leqslant \widetilde{S}_{\max} \qquad (6.9-50)$$

$$\widetilde{S}_{\min} \leqslant \widetilde{S}_i \leqslant \widetilde{S}_{\max} \qquad (6.9-51)$$

$$\widetilde{E}_{\min} \leqslant \widetilde{E} \leqslant \widetilde{E}_{\max} \qquad (6.9-52)$$

$$\widetilde{E}_{\min} \leqslant \widetilde{E}_i \leqslant \widetilde{E}_{\max} \qquad (6.9-53)$$

区别于传统意义上的最优解，在五大主控目标中，没有必要使得每个目标函数值都取得最值，只需要模型的整体达到最优即可。

6.9.2.2 多目标模糊优化模型求解设计

（1）基于遗传算法改进的粒子群算法设计

在理论上，GA-PSO 算法不仅能够进行快速运算和收敛，还具有 GA 算法的克服局部最优的优点。在复杂环境下的寻优不仅要克服 PSO 算法的局部最优缺陷，还要保留 PSO 算法快速收敛、局部收敛精度高的特性。遗传粒子群算法采用高效的集群并行计算方式搜索，优化结果并不限于单值解，而是一次运行中就能获得非劣解集。对于离散型变量问题，粒子在位置上的取值为相应的有限值或可列值。

设粒子数目为 m，记粒子位置集为：

$$M_x = \{\boldsymbol{x}_1, \boldsymbol{x}_2, \cdots, \boldsymbol{x}_m\} \qquad (6.9-54)$$

对 $\forall \boldsymbol{x}_h, \boldsymbol{x}_i \in M_x(\boldsymbol{x}_h \neq \boldsymbol{x}_l)$，设其对应的目标函数值分别为 $V(R)^{(h)}$，$C(R)^{(h)}$，$V(R)^{(l)}$，$C(R)^{(l)}$，若 $V(R)^{(h)} \leqslant V(R)^{(l)}$ 且 $C(R)^{(h)} \leqslant C(R)^{(l)}$，则称粒子 $\boldsymbol{x}_h$ 优于粒子 $\boldsymbol{x}_l$；若 $V(R)^{(h)} \leqslant V(R)^{(l)}$ 且 $C(R)^{(h)} > C(R)^{(l)}$，或 $V(R)^{(h)} < V(R)^{(l)}$ 且 $C(R)^{(h)} \geqslant C(R)^{(l)}$，或 $V(R)^{(h)} \geqslant V(R)^{(l)}$ 且 $C(R)^{(h)} < C(R)^{(l)}$，或 $V(R)^{(h)} > V(R)^{(l)}$ 且 $C(R)^{(h)} \leqslant C(R)^{(l)}$，则称粒子 $\boldsymbol{x}_h$ 非劣于粒子 $\boldsymbol{x}_l$。若某粒子优于或非劣于粒子集中的其他粒子，则称该粒子为非劣粒子。设非劣粒子组成的集合为 Θ。

设粒子速度集为：

$$M_v = \{\boldsymbol{v}_1, \boldsymbol{v}_2, \cdots, \boldsymbol{v}_m\} \qquad (6.9-55)$$

其中 $\boldsymbol{v}_i = [v_{i1}, \cdots, v_{in}]^T$，$v_{ij} \in \mathbf{R}$。

记 φ_1，φ_2 为加速因子，$\omega_{\min}$ 为最小惯性权重，$\omega_{\max}$ 为最大惯性权重；以 α 表示迭代轮次，$\alpha = 1, 2, \cdots, A$；i 表示粒子序号，$i = 1, 2, \cdots, m$；j 表示风险源序号，$j = 1, 2, \cdots, n$。设在第 α 轮迭代中：粒子 i 的当前位置为 $\boldsymbol{x}_i^{(\alpha)}$，历史最优位置为 $\boldsymbol{g}_i^{(\alpha)}$；全局的最优位置为 $\boldsymbol{b}^{(\alpha)}$。

（2）基于遗传算法改进的粒子群算法实现

步骤 1：确定参数。确定粒子数量 m，迭代次数 A，非劣解集元素数量上限 Θ_{max}，惯性权重参数 ω_{max}，ω_{min} 和加速因子 φ_1 和 φ_2。

步骤 2：初始化粒子群的位置 M_x 和速度 M_v。对于位置初始化，每个粒子的各个位置维度等概率随机取 0 或 1；对于速度初始化，每个粒子的各个速度维度取 $Uniform(-1, 1)$ 分布的随机数。

步骤 3：取当前粒子群的位置 $\{x_1, x_2, \cdots, x_m\}$ 作为粒子群历史最优位置 $\{g_1, g_2, \cdots, g_m\}$。根据粒子群历史最优位置选出非劣粒子集 $\Theta = \{o_1, o_2, \cdots, o_m\}$。

步骤 4：更新粒子群历史最优位置。对每个粒子 $i(i = 1, 2, \cdots, m)$，比较其当前位置 x_i 与其历史最优位置 g_i 的目标函数值的关系。若 x_i 优于 g_i，则将历史最优位置更新为 x_i。若 g_i 优于 x_i，则历史最优位置不变；若 x_i 与 g_i 为非劣关系，则从中等概率随机取一个以更新历史最优位置。

步骤 5：更新非劣粒子集。根据粒子群历史最优位置确定临时非劣粒子集 Θ'，再综合 Θ' 与原非劣粒子集 Θ 以确定新的非劣粒子，以此更新 Θ。

步骤 6：计算非劣粒子集 Θ 中非劣粒子的概率信息。对于有 n 个风险源的问题，粒子位置空间维数为 n，且每个位置维度的取值为 0 或 1，则位置空间可表示为 2^n 个点构成的集合。设非劣解集的粒子覆盖位置空间的 h 个点 $H_1, \cdots, H_h$，并记点 H_a 处有 l_a 个粒子，则取非劣粒子 o_u 的特征概率 q_u 为：

$$q_u = \frac{1}{h l_a} \quad O_u \in H_a; u = 1, 2, \cdots, l \qquad (6.9\text{-}56)$$

若 Θ 超额，即 $l > \Theta_{max}$，则从中按不等概率抽样方法随机抽取 Θ_{max} 个元素作为非劣解集。

步骤 7：更新全局最优位置，即从非劣解集 Θ 中按等概率抽样方法随机抽取 1 个元素作为全局最优位置 b。

步骤 8：更新 ω 值，更新粒子群速度 M_v，更新粒子群位置 M_x。

步骤 9：若迭代完成，则从非劣粒子集 Θ 中选出符合条件的粒子位置作为全局最佳位置；否则返回步骤 4。

6.9.2.3　多目标模糊优化在南京万科生态城装配式建筑项目中应用分析

（1）项目概况

南京万科生态城项目包括南地块和北地块，笔者选取南地块作为研究对象。南地块建筑项目占地面积约 6.31 万平方米，地上总建筑面积约为 12.62 万平方米。

（2）工程项目相关数据预处理

该项目的施工过程可以划分为若干分部分项工程，各分部分项工程又可以划分为若干工序，进行多目标均衡优化。选取的地块施工工序双代号网络图如图 6.9-6 所示。

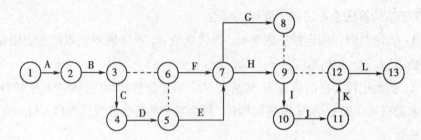

图 6.9-6 施工工序双代号网络图

工程合同中规定的南地块项目合同成本为 67235 万元,合同规定项目完工工期 748 天。该双代号网络图关键线路为 A—B—C—D—F—G—I—J—K—L。

(3)目标量化

选定了该项目组的高层领导、项目经理、主要负责人以及经验丰富的管理者等 10 名了解详细情况并由经验丰富的专家进行专家打分,专家根据调查问卷表中质量目标、安全目标和环境保护目标评分体系以自身经验和专业知识对各目标在每道工序中的最低和最高的质量水平、安全水平以及环境保护水平进行估计,经过第一轮的调查数据整理后,将评分结果反馈给各位专家,专家在此基础上,进行第二轮的调查问卷,依据相同的问卷内容对质量目标、安全目标和环境保护目标进行再次评分。最终根据各专家对工序目标的打分结果,整合统计整个项目的质量、安全和环境保护目标的量化区间,结果如表 6.9-9 所示。

表 6.9-9 各工序相关关系以及相关参数表

序号	1	2	3	4	5	6	7	8	9	10	11	12	总计
工序名称	A	B	C	D	E	F	G	H	I	J	K	L	
T_{nmin}	85	55	88	45	58	52	40	70	40	60	42	60	—
T_{nmax}	110	65	114	50	87	56	61	94	62	78	50	70	—
C_{nmin}	8668	6497	9094	2744	6468	5194	4900	2009	5243	5210	4763	4089	65679
C_{nmax}	8845	6630	9280	2800	6600	5300	5000	2050	5350	5520	4860	4172	67707
Q_{nmin}	0.85	0.86	0.86	0.84	0.83	0.85	0.84	0.82	0.85	0.85	0.83	0.84	—
Q_{nmax}	1	1	1	1	1	1	1	1	1	1	1	1	12
ω_{pi}	0.08	0.08	0.10	0.08	0.07	0.09	0.09	0.08	0.09	0.09	0.07	0.09	1
S_{nmin}	0.85	0.84	0.85	0.82	0.78	0.85	0.75	0.80	0.82	0.81	0.84	0.80	—
S_{nmax}	1	1	1	1	1	1	1	1	1	1	1	1	12
ω_{ti}	0.11	0.12	0.15	0.06	0.08	0.07	0.1	0.07	0.04	0.1	0.07	0.03	1
P_{oi}	0.15	0.12	0.12	0.13	0.03	0.04	0.1	0.08	0.11	0.12	0.06	0.10	—
ΔP_{nmin}	0.05	0.10	0.15	0.05	0.04	0.009	0.09	0.10	0.05	0.02	0.10	0.06	—
ΔP_{nmax}	0.90	0.90	0.93	0.85	0.92	0.92	0.90	0.90	0.92	0.86	0.93	0.80	—
ω_i	0.13	0.12	0.14	0.04	0.10	0.08	0.09	0.03	0.08	0.12	0.07	0.06	1
E_{nmin}	0.84	0.83	0.85	0.64	0.83	0.83	0.83	0.85	0.85	0.85	0.85	0.84	—
E_{nmax}	1	1	1	1	1	1	1	1	1	1	1	1	—

注:T_{imin},T_{imax} 的单位为天,C_{imin},C_{imax} 的单元为万元,ω_{pi},ω_{ti},ω_{ci} 的单位为1。

　　在专家中选择工龄较长且参与过更多项目管理的主要项目负责人与经验丰富的管理者 6 名，依据专业知识和经验对工序的重要程度进行分析，并根据工序在整个项目中的重要程度对工序质量、工序安全和工序环境保护在总体项目中所占的权重值进行打分。经过专家的打分情况汇总，利用 OWA 算子对各工序的质量权重、安全权重和环境保护权重进行汇总计算。以工序质量的求解过程为例，对权重值进行计算。每道工序的质量打分值的汇总情况如表 6.9-10 所示。

表 6.9-10　工序质量专家打分值

工序名称	专家 1	专家 2	专家 3	专家 4	专家 5	专家 6
A	5	4	6	5	3	4
B	6	7	6	3	4	6
C	7	6	5	7	6	7
D	4	3	5	3	6	7
E	4	5	5	3	5	4
F	5	3	7	6	4	6
G	4	6	5	3	5	6
H	5	5	5	6	5	5
I	4	5	5	6	4	5
J	5	5	3	4	4	7
K	4	5	4	3	6	6
L	6	5	7	4	4	3

　　以工序 A 为例进行 OWA 算子赋权，首先将专家给各工序打分的重要性程度值（5，4，6，5，3，4）进行降序排序，得到（6，5，5，4，4，3），根据工序 A 的加权向量（0.03125，0.15625，0.3125，0.3125，0.15625，0.03125），可得工序 A 的质量绝对权重为 $\widetilde{\omega}_{qA} = (0.03125, 0.15625, 0.3125, 0.3125, 0.15625, 0.03125)(6, 5, 5, 4, 4, 3)^{\mathrm{T}} = 4.50$。

　　同理，根据 OWA 赋权计算可得工序 B~L 质量绝对权重为 $\widetilde{\omega}_{qB} = 4.81$，$\widetilde{\omega}_{qC} = 5.75$，$\widetilde{\omega}_{qD} = 4.91$，$\widetilde{\omega}_{qE} = 4.25$，$\widetilde{\omega}_{qF} = 5.25$，$\widetilde{\omega}_{qG} = 5.50$，$\widetilde{\omega}_{qH} = 4.53$，$\widetilde{\omega}_{qI} = 5.31$，$\widetilde{\omega}_{qJ} = 5.13$，$\widetilde{\omega}_{qK} 4.06$，$\widetilde{\omega}_{qL} = 5.12$。可得工序质量的相对权重向量为（0.08，0.08，0.10，0.08，0.07，

0.09，0.09，0.08，0.09，0.09，0.07，0.09）。

同理，可以根据专家对安全和环境保护的打分表分别求得工序安全相对权重为：（0.11，0.12，0.15，0.06，0.08，0.07，0.10，0.07，0.04，0.10，0.07，0.03），工序环境保护的相对权重为（0.13，0.10，0.14，0.04，0.10，0.08，0.09，0.03，0.08，0.08，0.07，0.06）。

（4）参数确定

该项目由 12 道工序组成，通过查阅项目的造价、施工方的投标报价以及参照同类工程的历史经验数据可以确定出每道工序的最短持续时间 $T_{i\min}$ 与最长持续时间 $T_{i\max}$ 以及工序的最小成本值 $C_{i\min}$ 和最大成本值 $C_{i\max}$。根据专家调查给定工序质量区间值 $[Q_{i\min}, Q_{i\max}]$、工序安全区间值 $[S_{i\min}, S_{i\max}]$ 和工序环境保护区间值 $[E_{i\min}, E_{i\max}]$，并根据 OWA 算子对工序质量权重、工序安全权重、工序环境保护权重的赋权结果，可以确定出模型的各相关参数。

通过该项目的工序之间的逻辑关系和双代号网络图中的关键路径，结合模型参数，可以得到该工程最长工期为 780 天，最短工期为 603 天；最高成本是 66407 万元；最优质量水平为 1，最差质量水平为 0.82；安全水平指数最低得分为 0.75，最高得分为 1；绿色施工水平最低得分为 0.64，最高得分为 1。这些参数可以作为粒子群寻优时的位置边界。

根据该同类工程历史数据、管理人员相关经验及项目的实际情况可以确定直接成本与间接成本占总成本的比重，以及保证性安全成本的比重：直接成本占合同总成本的 80%，间接成本占总成本的 20%，保证性安全成本的投入率 μ 取值为 5%。

（5）多目标模糊优化模型建立

依据装配式建筑项目施工实例的参数建立目标函数如下：

$$\min f(\widetilde{T}) = \frac{(\widetilde{T} - \widetilde{T}_{\min})^2}{(\widetilde{T}_{\max} - \widetilde{T}_{\min})^2} = \frac{(\widetilde{T} - 603)^2}{(780 - 603)^2} \tag{6.9-57}$$

$$\min f(\widetilde{C}) = \frac{(\widetilde{C} - \widetilde{C}_{\min})^2}{(\widetilde{C}_{\max} - \widetilde{C}_{\min})^2} = \frac{(\widetilde{C} - 65679)^2}{(67707 - 65679)^2} \tag{6.9-58}$$

$$\min f(\widetilde{Q}) = 1 - \frac{(\widetilde{Q} - \widetilde{Q}_{\min})^2}{(\widetilde{Q}_{\max} - \widetilde{Q}_{\min})^2} = 1 - \frac{(\widetilde{Q} - 0.82)^2}{(1 - 0.82)^2} \tag{6.9-59}$$

$$\min f(\widetilde{S}) = 1 - \frac{(\widetilde{S} - \widetilde{S}_{\min})^2}{(\widetilde{S}_{\max} - \widetilde{S}_{\min})^2} = 1 - \frac{(\widetilde{S} - 0.75)^2}{(1 - 0.75)^2} \tag{6.9-60}$$

$$\min f(\widetilde{E}) = 1 - \frac{(\widetilde{E} - \widetilde{E}_{\min})^2}{(\widetilde{E}_{\max} - \widetilde{E}_{\min})^2} = 1 - \frac{(\widetilde{E} - 0.64)^2}{(1 - 0.64)^2} \tag{6.9-61}$$

在各目标效用函数建立的基础上，建立本实例装配式项目施工的多目标均衡优化模型：

以该装配式建筑项目各工序的施工时间作为综合优化函数的自变量，并分别表示工期、成本、质量、安全和环境保护目标效用函数，利用多属性效用函数的可加性构建多目标优化模型，并将五个目标转化成求综合函数值，进而实现均衡优化模糊最优。

工程工期目标约束于[603，780]，成本目标约束[65679，67707]，质量最小水平要达到 0.82，安全最小水平达到 0.75，环境保护目标要达到最小水平 0.64，各工序的持续时间都应在最短持续时间和最长持续时间之内。

(6)装配式建筑施工多目标模糊优化模型求解

为了利用粒子群优化算法寻找出满足施工要求的成本、工期、质量、安全及环境保护目标的多目标间均衡优化，通过工程实例建立多目标数学模型。该工程实例具体的求解过程中，将各工序的持续时间 t_i 作为决策变量 X，该项目共有 12 道工序，所以将粒子的维数设定为 12 维，将种群规模设定为 40，设置迭代次数 300、500、800、1000 分别运行测试，最终发现在 1000 次处运行速度较为平稳，确定最大迭代次数为 1000。运用 MATLAB 进行 GA－PSO 算法的程序输入，带入相关参数。粒子的可行域为 $[x_{min}，x_{max}]^D$，x_{min} 指的是各工序最短的完成时间，x_{max} 指的是各工序最长的完成时间，种群大小为 $m = 40$，变异概率和交叉概率均取 0.5。如图 6.9-7 所示。

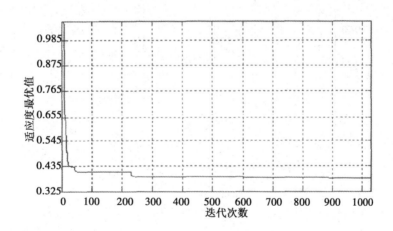

图 6.9-7 GA-PSO 迭代结果图

(7)优化结果与分析

根据上述的相关数据，对模型求解，对种群中个体进行非劣排序，通过算法记忆机制对帕累托最优个体进行保留，从而形成帕累托最优解集。运行至满足最大迭代次数时终止，运算共得到 62 个模糊的帕累托最优解。其帕累托解在三维坐标系中显示如图 6.9-8 和图 6.9-9 所示。

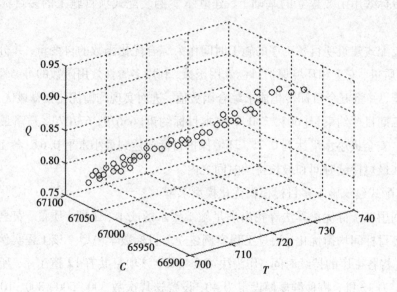

图 6.9-8 工期 *T*、成本 *C* 与质量 *Q* 的帕累托前沿

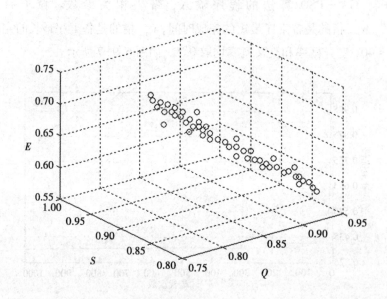

图 6.9-9 质量 *Q*、安全 *S* 与环境保护 *E* 的帕累托前沿

在所有解中决策者可以通过项目的偏好选取最符合实际需要的方案。例如对于大型项目的基础工程而言，质量目标较为重要；对于主体工程来说需要大量的人财物的投入，这时可以着重于较优的成本目标的实现。通过遗传微粒群算法求解得到的帕累托解较为分散，项目的最优方案不止一个，存在一个帕累托解集，鉴于篇幅有限，根据决策者的不同偏好，分别从工期较短、成本较低、质量较高、较为安全和相对环保 5 个方面列举 5 组不同偏好帕累托最优解，其对应各函数值如表 6.9-11 所示。

表 6.9-11　案例模型的部分帕累托解

序号	T	C	Q	S	E	t_1	t_2	t_3	t_4	t_5	t_6	t_7	t_8	t_9	t_{10}	t_{11}	t_{12}
1	775	67102	0.924	0.890	0.669	96	63	97	49	54	55	57	73	47	70	47	67
2	764	66274	0.903	0.882	0.657	93	61	94	48	54	55	57	73	47	69	47	66
3	713	67046	0.887	0.893	0.661	87	59	91	45	54	54	42	71	43	62	45	61
4	746	66980	0.879	0.891	0.687	91	64	94	47	54	55	46	72	48	61	48	66
5	744	67099	0.873	0.924	0.656	88	60	94	45	54	56	47	73	49	62	49	67

以工期最短为决策偏好为例，从结果可得整个工程的优化工期为 713 天，比合同要求工期提前 35 天完工；此时的整个工程成本为 67046 万元，优于合同成本 67235 万元，质量水平为 0.887，优于合同要求的质量水平，安全度为 0.893，整个项目的环境影响值为 0.661。整体比较理想。

在实际案例的应用过程中，不仅给决策者提供各种优化组合，形成了满足不同目标的优化方案，同时，各个优化方案下对应的工期、成本、质量的目标值符合工程项目的实际情况，从优化结果可以看出，在实际项目施工过程中，难以保证各目标均为最优。该优化方法在实际案例的应用过程中，可以根据决策者的不同偏好给决策者各种优化组合，形成了满足不同目标的优化方案，同时也证明了笔者所构建模型的实用性和算法的可用性。

（8）装配式建筑施工多目标优化建议

① 工期控制措施。

施工项目的工期是由各工序的持续时间所决定的，因此要对项目及各项工序活动的时间进行合理安排与管理。对项目的工期进行控制就要对各相关工序时间进行控制，按期采集实际进度情况，及时与计划值对比以进行纠偏，确保各工序以及工期在合理的进度范围内。

② 成本控制措施。

该施工企业管理者可以采取以下措施对施工成本进行控制：第一，提高企业内部施工人员与管理人员的专业素养，增强成本控制意识；第二，明确成本控制的原则（包括完善成本控制管理体系、制定成本偏差分析制度等）；第三，制定合理的成本控制目标；第四，加强对施工材料成本的控制，避免材料的浪费；第五，加强机械设备费用的控制，减少设备保护不周产生的费用。

③ 质量控制措施。

建筑项目中施工质量是衡量工程好坏的标准，因此对施工质量的控制工作要有效地进行。施工企业可以根据工程的实际情况，制定安全管理、质量控制以及绩效考核等相关制度，不断完善工程质量。

④ 安全控制措施。

该企业管理者可以利用以下控制措施对安全实施控制保障：第一，设立企业内外部专门的安全管理机构，制定相应安全管理制度；第二，明确安全生产责任，形成完善的安全生产管理体系；第三，各工种在进行自身工作前要接受相对应的岗前安全技术教育培训，特别对于特殊工种和高危岗位的人员，如塔吊、电焊员等；第四，加强原材料进场与施工机械设备的检查与管理。

⑤ 环境保护控制措施。

基于前文对实例项目的介绍，该装配式施工项目的工程体量较大，施工的要求也较高，因此对环境保护目标的控制要求也较高，该施工企业要：第一，加强对施工人员的培训，增强施工人员的环保意识；第二，增加绿色施工技术的使用并不断提升技术水平；第三，建立系统的绿色施工组织机构，提升对施工的管理水平。

第7章 离线 AIA 学习与在线 E-CBR 推理的 "双线" 集约诊控机制

7.1 "双线" 集约诊控机制实现流程

从现实专家基于经验推理的机理出发，实现 E-CBR 的内在机理。实现 E-CBR 主要环节与方法；从免疫这一自然现象出发，挖掘其内在规律与机理，以此为启示探求装配式建筑施工安全风险诊控规则生成与融合基本环节与关键技术。建立离线 AIA 学习与在线 E-CBR 推理的 "双线" 诊控集约流程，如图 7.1-1 所示。

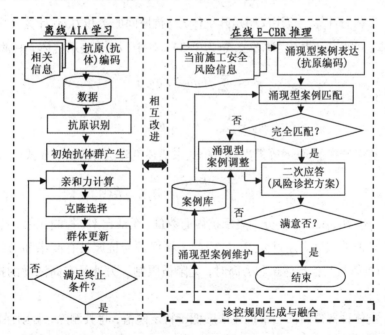

图 7.1-1 "双线" 集约诊控流程

⚂⚁ 7.2 面向充分诊控的离线 AIA 学习

AIA 学习的具体步骤如下：

步骤 1：抗原（抗体）编码。以状态信息（操作与输入信息）作为抗原，状态与决策信息作为抗体，过去信息通过基于数据字典编码技术存入数据库中。

步骤 2：抗原识别。采用随机方式输入抗原，将需解决问题抽象为相应抗原。

步骤 3：初始抗体种群生成。从抗体池中选择一些抗体。抗体池由最优的抗体（与抗原具有最高重合度）组成。抗体与抗原的重合度由公式（7.2-1）计算，其中 D_i ，L ，h_k ，$ab_k^{(i)}$ 与 ag_k 分别表示抗原与抗体 i 间的重合度、抗原属性个数、属性 k 的权重、抗体 i 在属性 k 上的值与抗原在属性 k 上的值，当 $u = v$ 时，$f(u, v) = 1$ ，否则，$f(u, v) = 0$ 。当重合度超过一定阈值（这里取 50%）时，该记录可以被放入到抗体池中。然后，在抗体池中选择初始抗体种群。

$$D_i = \sum_{k=1}^{L} h_k f(ab_k^{(i)}, ag_k) \bigg/ \sum_{k=1}^{L} h_k \qquad (7.2\text{-}1)$$

步骤 4：亲和力计算。应用汉明矩阵抗体 i 与抗原间的亲和力 m_i 计算公式（7.2-2），抗体 i 与抗体 j 间的亲和力 m_{ij} 计算公式（7.2-3），其中，$ab_k^{(j)}$ 表示抗体 j 中属性 k 的值。

$$m_i = \sum_{k=1}^{L} f(ab_k^{(i)}, ag_k) \qquad (7.2\text{-}2)$$

$$m_{ij} = \sum_{k=1}^{L} f(ab_k^{(i)}, ab_k^{(j)}) \qquad (7.2\text{-}3)$$

步骤 5：克隆选择。Steve 等提出调整公式来描述克隆选择思想，如式（7.2-4）所示。

$$\frac{dx_i}{dt} = \beta_1 m_i x_i y - \frac{\beta_2}{n} \sum_{j=1}^{n} m_{ij} x_i x_j - \beta_3 x_i \qquad (7.2\text{-}4)$$

其中，n ，β_1 ，β_2 ，β_3 ，x_i ，y 分别表示抗体的数量、激活比率、控制比率、抗体死亡率、抗体 i 浓度、抗原的浓度。通过公式（7.2-4），将促进与抗原具有高亲和力的抗体的克隆。然而，当抗体与其他抗体亲和力高时，克隆被限制。另外具有高浓度的抗体的克隆也受限制。

步骤 6：抗体种群更新。当某抗体浓度低于特定阈值，将其删除，否则保留。

步骤 7：判断某一抗原的学习终止条件是否满足。当任意抗体的浓度不低于事前预定的阈值，学习过程将终止；否则，重复步骤 4 到步骤 6。

步骤 8：输入一个新抗原，重复步骤 1 到步骤 7 直到完成所有抗原输入，算法结束。

7.3　面向即时诊控的在线 E-CBR 推理

7.3.1　基于抗原/抗体映射的涌现型案例表达

(1)涌现型案例表达的框架体系

鉴于在实际装配式建筑施工安全风险诊控时,相同的条件属性值下,可能会涌现出多种成功的诊控结果,在此,将涌现型案例抽象地表达为一个框架体系 $E_c = \{C_c, C_d, C_q, C_e\}$,其中,$C_c$ 为案例的条件属性集(由各种装配式建筑施工安全风险元素组成,具体包括施工人员的状态、劳动对象状态、劳动方法状态、劳动手段安全操作状态、劳动环境安全准备状态等装配式建筑施工安全风险征兆下所细分的具体施工安全风险元素),C_d 为案例的决策属性集,C_q 为案例的平均抗体浓度属性集,C_e 为案例的涌现特征属性集。

(2)案例的条件属性集 C_c 的细化

案例的条件属性集 C_c 可以细化为一个更为具体的子框架体系 $C_c = \{C_1, C_2, C_3, C_4\}$,其中,$C_1$,$C_2$,$C_3$,$C_4$ 分别表示装配式建筑施工安全风险状态属性集、装配式建筑施工安全风险特征属性集、装配式建筑施工安全风险元组属性集、装配式建筑施工安全风险元素属性集。形成一个递阶层次关系,与装配式建筑施工安全风险形成的逐级涌现机制相对应。

(3)案例的决策属性集 C_d 的细化

案例的决策属性集 C_d 即诊控方案又可以细化为一个更为具体的子框架体系 $C_d = \{L_d, L_p, L_r, L_s\}$,其中,$L_d$,$L_p$,$L_r$,$L_s$ 分别表示定制化的装配式建筑施工安全风险诊断决策列表、诊断决策可信度列表、安全风险后果描述列表、安全风险控制方案列表。装配式建筑施工安全风险诊断决策是对风险的形式、风险的级别作出的诊断;诊断决策可信度是对风险诊断决策的可能性进行的定量测算;安全风险后果描述是对风险出现的后果表现形式、危害情况等方面进行的描述,是对装配式建筑施工安全风险诊断的信息拓展与补充,实现对风险形态与等级的形象化、具体化描述,有助于提升安全风险诊控受众人员对风险的理解以及对其警示作用;安全风险控制方案是施工前的人员安全操守提示、安全教育与培训、安全管理整顿、安全现场控制、积极抢修、人员疏散与抢救、汇报与求援等方面具体细节的组合,其强度大小在制定时考虑特定装配式建筑施工安全风险所处的状态。

(4)案例的平均抗体浓度属性集 C_q 的细化

与 C_c 相对应,案例的平均抗体浓度属性集 C_q 也细化为一个更为具体的子框架体系 $C_q = \{Q_1, Q_2, Q_3, Q_4\}$。形成一个平均浓度属性测度的递阶层次关系。

（5）案例的涌现特征属性集 C_e 的细化

案例的涌现特征属性集 C_e 又可以细化为一个更为具体的子框架体系 $C_e = \{E_s; E_t, r_t; E_q, r_q; E_c, r_c; E_o, r_o\}$，其中，$E_s$ 为案例涌现的拓扑结构，用于描述在每一级装配式建筑施工安全风险生成环节中，案例条件属性个体间的相互作用结构。即针对"施工安全风险元素—施工安全风险元组—施工安全风险特征—施工安全风险状态"层级递进结构中的每一级装配式建筑施工安全风险诊控生成环节，映射出起到关键作用的案例条件状态属性子集（C_c 的子集）。E_t 为案例涌现的时间模式（如时间最近模式、时间最远模式等），E_q 为案例涌现的频率模式（如众数、平均数模式等），E_c 为案例涌现的周期模式（如季节性周期模式、生命周期模式等），E_o 为案例涌现的其他模式（暂时描述不突出的涌现模式，随着某种涌现模式日益凸显，再分离出去，成为独立的模式）。r_t，r_q，r_c，r_o 分别表示案例涌现的时间模式、频率模式、周期模式与其他模式的关联度（或涌现频率）。

7.3.2　基于 AIA 聚类的涌现型案例匹配

（1）实现案例聚类与信息预处理

应用 AIA 算法实现诱导方案的案例聚类（离线进行，不会影响系统实时性）加快案例匹配效率。针对装配式建筑施工安全风险高度不确定性与积蓄式促发的特点，研究装配式建筑施工安全风险的不确定信息的预处理，采用系统操作人员的"功能描述+性能要求"的模糊搜索式的信息的预处理，提炼出案例条件属性集 C_c 的数值。

（2）生成各级涌现案例池

利用局部属性相似度计算公式，如式（7.3-1）所示，计算存贮案例与当前待解决的装配式建筑施工安全风险诊控问题之间的局部属性相似度。将局部属性相似度高于一定阈值的局部属性相似的案例筛选出来，形成准相似案例集，即生成涌现案例池。涌现案例池中案例作为后续逐级涌现式案例匹配的基本"原材料"。

$$S(c_0^{(k)}, c_R) = \frac{\sum_{i \in \Phi_k} \omega_i s(f_i^0, f_i^R)}{\sum_{i \in \Phi_k} \omega_i} \quad k = 1, 2, \cdots, K \qquad (7.3-1)$$

其中，$S(c_0^{(k)}, c_R)$ 是输入案例和所存贮案例的关于局部属性集 k 的相似度函数，ω_i 是属性 i 的重要性加权系数，f_i^0 和 f_i^R 分别是输入案例和匹配到案例的属性 i 的值，$s(f_i^0, f_i^R)$ 是输入案例和所存贮案例的属性 i 的相似度函数，K 是装配式建筑施工安全风险局部属性集的数量。

值得一提的是，依据每一层级所关注的案例条件属性，都可生成该层级的涌现案例池，从而生成各级涌现案例池。

（3）逐级涌现式案例匹配

① 装配式建筑施工安全风险第三级、第二级因素的涌现式案例匹配。

装配式建筑施工安全风险第三级因素(风险元组)、第二级因素(风险特征)的涌现式案例匹配的公式如式(7.3-2)所示。

$$f_v^{(l-1)} = E(c_1^{(l)}, c_2^{(l)}, \cdots, c_i^{(l)}, \cdots, c_{n_{lv}}^{(l)}; C_e) \quad l = 2, \cdots, L-1; v = 1, 2, \cdots V^{(l-1)}$$

$$(7.3-2)$$

其中,$f_v^{(l-1)}$ 表示通过第 l 级局部相似的案例涌现出的第 $l-1$ 级的第 v 个案例条件属性的值;L 表示装配式建筑施工安全风险因素划分的总等级数,这里取 $L=4$;$V^{(l-1)}$ 表示第 $l-1$ 级的案例条件属性的总数;$E(\ )$ 表示涌现函数;$c_i^{(l)}$ 表示第 l 级局部相似的第 i 个案例,其条件属性集由 $f_v^{(l)}$ 组成;n_{lv} 表示与第 $l-1$ 级的第 v 个案例条件属性值的涌现有关的第 l 级局部相似的案例的数量;C_e 为案例的涌现特征属性集。

② 装配式建筑施工安全风险第一级因素的涌现式案例匹配。

装配式建筑施工安全风险第一级因素(风险状态)的涌现式案例匹配的公式如式(7.3-3)所示。

$$C_d = \{L_d, L_p, L_r, L_s\} = E(c_1^{(l)}, c_2^{(l)}, \cdots, c_i^{(l)}, \cdots, c_{n_l}^{(l)}; C_e) \quad l = 1 \quad (7.3-3)$$

其中,C_d 表示案例的决策属性集,L_d、L_p、L_r、L_s 分别表示装配式建筑施工安全风险诊断决策列表、诊断决策可信度列表、安全风险后果描述列表、安全风险控制方案列表。n_l 表示与案例的决策属性值涌现有关的第 l 级相似的案例数量。

(4)涌现相似案例集

基于案例状态属性的信息熵与涌现特征属性集 C_e 的数值,设计案例匹配方法。改变传统的匹配方式(即依据单个案例状态属性值得出结论),改为依托状态属性涌现模式,在存储的众多案例库中,利用涌动机制使属性值相同与高度相似的案例集,得出具有代表性的几种解,形成若干典型案例。

在传统的 CBR 匹配方式中,依据相似度的大小即可直接得出最相似的案例。而在 E-CBR 匹配方式中,匹配出的最相似的案例数量很多,且其案例解各不相近。应该选择哪一案例或少数几个案例作为最终匹配出来的最相似案例,还需要进一步处理。为此,依托状态属性涌现模式,在上述得到的准相似案例集中,利用涌动机制使属性值相同与高度相似的案例集,得出一种或几种典型案例。

7.3.3　基于调整规则集的涌现型案例调整

(1)案例调整方式应用的通用框架

这里给出一个通用的案例调整框架,如图 7.3-1 所示。在调整框架方面,依据不同适用条件分别实现案例结构化调整(增、删、改)、替代调整、诱导调整、组合调整等具体案例调整方式。在 E-CBR 中,对于一些经典案例调整问题,经典的案例调整方式仍然适用。然而,对于一些复杂的案例调整问题,应用经典的单案例调整或经典的组合调整方式无法实现时,需要采用涌现型案例调整技术。

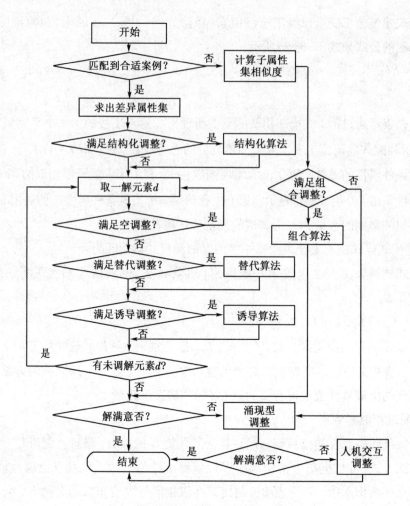

图 7.3-1 案例调整方式应用的通用框架

（2）涌现型案例调整技术的思路与特点

涌现型案例调整技术的理论根基建立在复杂系统的逐级涌现机制之上。但对于涌现型案例调整技术来说，其利用逐级涌现机制调整的思路通常与逐级涌现的方向相反。换言之，涌现型案例调整的实现是沿着从顶层到底层的方向回溯进行的。利用涌现机制，能够在上一层级就可以实现的调整工作，就没有必要重新进行下一层级的涌现调整工作。这样可以提高涌现型案例调整的效率。

涌现型案例调整技术的特点主要体现在：涌现型案例调整技术的实现与涌现型案例匹配技术的实现密不可分。可以说，在一定程度上，涌现型案例调整技术实现相当于涌现型案例匹配技术的重现。两者都是利用复杂系统涌现机制，通过相关案例之间的相互作用而实现。

（3）涌现型案例调整的对象要点

涌现型案例调整的对象要点主要包括：各级涌现案例池、案例的涌现特征属性集 C_e 两个主要方面。各级涌现案例池的调整是各级涌现案例池再生成的实现过程，主要涉及各级涌现案例池中案例的增加、删除、替换、合并等；案例的涌现特征属性集 C_e 的调整主要涉及 C_e 所包括的案例涌现的拓扑结构、时间模式、频率模式、周期模式与其他模式（函数模式、突变模式等）。

（4）涌现型案例调整的实施步骤

步骤 1：令 $l = 1$，设定最大涌现调整次数为 $L-1$。

步骤 2：进行第 l 层级的涌现作用的调整。通过对第 l 层级涌现案例池中案例 $\{c_1^{(l)}, c_2^{(l)}, c_i^{(l)}, \cdots, c_{n_l}^{(l)}\}$ 的增加、删除、替换、合并等操作，对案例的涌现特征属性集 C_e 所包括的案例涌现的拓扑结构、时间模式、频率模式、周期模式与其他模式（函数模式、突变模式等）进行调整，实现公式(7.3-3)的参数调整，得到公式(7.3-4)。

$$C_d' = \{L_d', L_p', L_r', L_s'\} = E(c_1^{(l)}, c_2^{(l)}, \cdots, c_i^{(l)}, \cdots, c_{n_l}^{(l)}; C_e') \quad l = 1 \quad (7.3-4)$$

步骤 3：若得到的待解决问题的新的解方案 $C_d' = \{L_d', L_p', L_r', L_s'\}$ 能够满足实际问题解决的要求，则涌现型案例调整结束，否则，$l=l+1$，进入步骤 4。

步骤 4：进行第 l 层级（顶层）的涌现作用的调整。通过对第 l 层级涌现案例池中案例 $(c_1^{(l)}, c_2^{(l)}, \cdots, c_i^{(l)}, \cdots, c_{n_l}^{(l)})$ 的增加、删除、替换、合并等操作，对案例的涌现特征属性集 C_e 所包括的案例涌现的拓扑结构、时间模式、频率模式、周期模式与其他模式（函数模式、突变模式等）进行调整，实现公式(7.3-2)的参数调整，得到公式(7.3-5)。

$$f_{v'}^{(l-1)} = E(c_1^{(l)}, c_2^{(l)}, \cdots, c_i^{(l)}, \cdots, c_{n'_{lv}}^{(l)}; C_e') \quad l = 2, \cdots, L-1; V'^{(l-1)} \quad (7.3-5)$$

步骤 5：若 $l=2$，利用公式(7.3-4)进行调整；否则利用公式(7.3-5)进行逐级调整，直到调整到第 2 层级，再利用公式(7.3-4)进行第 1 层级调整。

步骤 6：进入步骤 3，直到 $l=L$ 结束。

7.3.4　基于 AIA 多样性的涌现型案例维护

依据上述案例维护的基本原则，根据运行时间，涌现型案例维护工作可以分为涌现型事前维护、涌现型事中维护与涌现型事后维护三种基本方式。

（1）涌现型事前维护

① 涌现型事前时效性导向的维护技术。

面向时效性，实现事前维护。根据存入时间与被匹配频率，删除过时的案例。

② 涌现型事前典型性导向的维护技术。

依据典型性原则，在案例的采集与整理时，需要确保案例库中案例条件属性集对问题领域具有较高的论域覆盖度，即遇到各类问题时，基本上都能够通过案例条件属性要素集之间的多级涌现机制生成较为可行的案例解。

③ 涌现型事前一致性导向的维护技术。

依据一致性原则，在案例的采集与整理时，需要确保案例库中案例属性值等知识要素经过多级涌现时，不能出现相互不一致、冲突与矛盾的情况。

（2）涌现型事中维护

与经典的事中维护相比，涌现型事中维护在进行案例的存贮抉择时，同样需要遵循非冗余性原则、一致性原则，但在具体操作中需要充分考虑案例的多级涌现机制与相关信息。

① 涌现型事中非冗余性导向的维护技术。

依据非冗余性原则，在进行案例的存贮抉择时，防止那些对于案例多级涌现的额外贡献度很小，同时又可以由多级涌现生成的相同或极度相似案例再存贮到案例库中。首先，测量新问题与已有案例状态的重叠度，当重叠度足够大时，新问题的状态与解不能存入案例库中，否则造成案例库冗余。相反，重叠度低时，考虑将新问题与解存入到案例库中。

② 涌现型事中一致性导向的维护技术。

依据一致性原则，在进行案例的存贮抉择时，避免将当前案例加入后，涌现出知识相互不一致、冲突与矛盾的情况。

（3）涌现型事后维护

鉴于推理后案例维护不需考虑实时性，采用基于 AIA 的案例维护方法，兼顾冗余案例消除冗余论域覆盖。然而，这里的抗体（抗原）不同于 AIA 学习子系统中的抗体，它是整个案例而不是数据库的记录。抗体的浓度是重要指标，用于判断是否消除冗余案例。这里的 AIA 步骤与 AIA 学习子系统的步骤基本相似，限于篇幅，不再赘述。AIA 的多样性将有益于保持案例的多样性，通过案例维护，推荐问题能够尽可能地被有限的案例个数覆盖。

① 涌现型事后时效性导向的维护技术。

依据时效性原则，在进行案例的日常离线维护时，当系统发现某些案例长时间内没有参加案例涌现活动时，将其提示给系统管理人员，并由系统管理人员进行分析，若该案例的属性集状态在现实中已经不存在，或者完全可以被其他案例所代替，将其删去。

② 涌现型事后一致性导向的维护技术。

依据一致性原则，在进行案例的日常离线维护时，系统发现经过一些案例的多级涌现生成的知识存在不一致的情况时，将相关案例提示给系统管理人员，系统管理人员将分析其产生不一致的原因并加以修正。

③ 涌现型事后非冗余性导向的维护技术。

依据非冗余性原则，在进行案例的日常离线维护时，同样采用冗余性消除技术，在案例库中，删去那些对于案例多级涌现的贡献的可替代性高，同时又可以由多级涌现生成的相同或极度相似案例。

④ 涌现型事后典型性导向的维护技术。

依据典型性原则，当系统发现涌现型案例调整的成功率降低，将该类问题提示给系统管理人员，如果案例库中缺乏该类问题的典型案例可及时补充。当系统发现经过多级涌现机制生成的案例重用效果评价值呈较明显的降低趋势时，将相关案例提示给系统管理人员加以修正以保持案例条件属性值的典型性，提高日后经过多级涌现机制生成的案例的重用效果评价值。

参考文献

［1］ WITZANY J,CEJKA T,ZIGLER R.A Dismantleable Prefabricated Reinforced Concrete Building System with Controlled Joint Properties for Multi-storey Buildings［C］.7th International Structural Engineering and Construction Conference,2013.

［2］ THIENEL K-C.Prefabricated Components of Lightweight Aggregate Concrete with Open Structure:The German Application Standard DIN 4213［J］.Betonwerk Und Fertigteil-Technik/Concrete Plant and Precast Technology,2014(80):120-121.

［3］ 徐家麒.预制装配式建筑精细化研究［D］.长春:吉林建筑大学,2013.

［4］ 王力尚,余涛,王建英,等.全预制装配式别墅项目结构施工技术［J］.施工技术,2013(21):109-112.

［5］ 张建国,张超,于奇.沈阳惠生新城项目装配式构件关键技术［J］.施工技术,2014(15):10-15,36.

［6］ MINAROVICOVÁ K,MENDAN R.Valuable Architectural Refurbishment of Prefabricated Houses as a Part of Their Complex Renovation［J］.Advanced Materials Research,2014(855):112-115.

［7］ KORKMAZ K A. Investigation of Seismic Behavior and Infill Wall Effects for Prefabricated Industrial Buildings in Turkey［J］.Journal of Performance of Constructed Facilities,2011,25:158-171.

［8］ SILVA P C P,ALMEIDA M,BRAGANÇA L,et al.Development of Prefabricated Retrofit Module towards Nearly Zero Energy Buildings［J］. Energy and Buildings, 2013, 56:115-125.

［9］ WALKER P,THOMSON A.Development of Prefabricated Construction Products to Increase Use of Natural Materials［C］.Central Europe Towards Sustainable Building 2013:Sustainable Building and Refurbishment for Next Generations,2013.

［10］ SARD Y L.Modern Methods of Construction:A Solution for an Industry Characterized by Uncertainty［J］.Association of Researchers in Construction Management,2010(10):1101-1110.

［11］ SHIN I J.Factors that Affect Safety of Tower Crane Installation/Dismantling in Construction Industry.［J］Safety Science,2015,72:379-390.

［12］ CHOUDHRY R M.Behavior-based Safety on Construction Sites：A Case Study［J］.Accident Analysis and Prevention,2014,70:14-23.

［13］ ZOU P X W,ZHANG G.Comparative Study on the Perception of Construction Safety Risks in China and Australia［J］.Journal of Construction Engineering and Management,2009,135(7):620-627.

［14］ HALLOWELL M R,GAMBATESE J A.Construction Safety Risk Mitigation［J］.Journal of Construction Engineering and Management,2009,135(12):1316-1323.

［15］ Activity-based Safety Risk Quantification for Concrete Formwork Construction［J］.Journal of Construction Engineering and Management,2009,135(10):990-998.

［16］ 谢楠,梁仁钟,王晶晶.高大模板支架中人为过失发生规律及其对结构安全性的影响［J］.工程力学,2012,29(S):63-67.

［17］ YI K J,LANGFORD D.Scheduling-based Risk Estimation and Safety Planning for Construction Projects［J］.Journal of Construction Engineering and Management,2006,132(6):626-635.

［18］ 李鸿伟.基于危险源管理的建筑施工现场安全管理研究［D］.徐州：中国矿业大学,2011.

［19］ 邢益瑞.建设工程事故致因相互影响关系研究［D］.北京：清华大学,2010.

［20］ 宋四新,周剑岚,孙志禹,等.基于人为因素的工程施工安全风险分析与评价［J］.水力发电学报,2014,33(6):248-252.

［21］ PANAGIOTIS M,MANOJ N.New Method for Measuring the Safety Risk of Construction Activities：Task Demand Assessment［J］.Journal of Construction Engineering and Management,2011,137(1):30-38.

［22］ SHIN M,LEE H-S,PARK M,et al.A System Dynamics Approach for Modeling Construction Workers' Safety Attitudes and Behaviors［J］.Accident Analysis and Prevention,2014,68:95-105.

［23］ 张孟春,方东平.建筑工人不安全行为产生的认知原因和管理措施［J］.土木工程学报,2012,45(S2):297-305.

［24］ 房继寒.建筑工程施工安全的群体行为交互影响模型及其应用研究［D］.徐州：中国矿业大学,2014.

［25］ PANAGIOTIS M,GERARDO C,MANOJ N.Cognitive Approach to Construction Safety：Task Demand-Capability Model［J］.Journal of Construction Engineering and Management,2009,135(9):881-889.

［26］ HALLOWEL M R,GAMBATESE J A.Population and Initial Validation of a Formal Model for Construction Safety Risk Management［J］.Journal of Construction Engineering and Management,2010,136(9):981-990.

［27］ 裴晓丽.基于多源信息融合的建筑施工安全管理研究［D］.西安:西安建筑科技大学,2010.

［28］ 王志齐.基于改进 TOPSIS 的高层建筑施工安全评价研究［D］.西安:西安建筑科技大学,2013.

［29］ 易欣,张飞涟,邱慧.基于区间数 AHP 和 Vague 集的施工安全管理综合评价［J］.安全与环境学报,2012,12(4):229-223.

［30］ 翟家常.建设工程安全事故原因分析及对策研究［D］.天津:天津大学,2010.

［31］ 郑霞忠,邵波,陈玲,等.基于 Euclid 理论的水电工程施工安全熵评价［J］.中国安全科学学报,2014,24(6):38-43.

［32］ 杨莉琼,李世蓉,贾彬.基于二元决策图的建筑施工安全风险评估［J］.系统工程理论与实践,2013,33(7):1889-1897.

［33］ 余宏亮,丁烈云,余明晖.地铁工程施工安全风险识别规则［J］.土木工程与管理学报,2011,28(2):77-81.

［34］ WANG H-H.A Context-based Representation and Reasoning Formalism to Support Construction Safety Planning［D］.Urbana-Champaign: University of Illinois at Urbana-Champaign,2010.

［35］ GARRETT J W,TEIZER J.Human Factors Analysis Classification System Relating to Human Error Awareness Taxonomy in Construction Safety［J］.Journal of Construction Engineering and Management,2009,135(8):754-763.

［36］ 方东平,席慧瑶,杨钇,等.建设工程安全生产责任矩阵的构建及应用［J］.土木工程学报,2012,45(9):167-174.

［37］ KIM S,SHIN D H,et al.Identification of IT Application Areas and Potential Solutions for Perception Enhancement to Improve Construction Safety［J］.KSCE Journal of Civil Engineering,2014,18(2):365-379.

［38］ 丁烈云,周诚,叶肖伟,等.长江地铁联络通道施工安全风险实时感知预警研究［J］.土木工程学报,2013,46(7):141-150.

［39］ JIA N,XIE M,CHAI X.Development and Implementation of a GIS-based Safety Monitoring System for Hydropower Station Construction［J］.Journal of Computing in Civil Engineering,2012,26(1):44-53.

［40］ HOLLAND J H.Emergence:From Chaos to Order ［M］.Redwood City Addison-Wesley,1998.

［41］ EL-HANI C N,EMMECHE C.On Some Theoretical Grounds for an Organism-centered Biology:Property Emergence,Supervenience,and Downward Causation［J］.Theory in Biosciences,2000,119(3/4):234-275.

[42] 金士尧,任传俊,黄红兵.复杂系统涌现与基于整体论的多智能体分析[J].计算机工程与科学,2010,32(3):1-10.

[43] 龚时雨.基于涌现鉴别的安全性分析[J].系统工程与电子技术,2012,34(11):2401-2406.

[44] GOH Y M,CHUA D K H.Case-based Reasoning Approach to Construction Safety Hazard Identification:Adaptation and Utilization[J].Journal of Construction Engineering and Management,2010,136(2):170-178.

[45] MINOR M,SCHULTE-ZURHAUSEN E.Towards Process-oriented Cloud Management with Case-based Reasoning[J].Lecture Notes in Computer Science,2014,8765:305-314.

[46] LIU X,ZHAO T,XIAO K.Building the CBR-based Identification System Framework for Construction Accident Precursors[J].Advances in Civil Engineering,2011,255-260:546-550.

[47] RUBIN S H,LEE G K.Cloud-based Tasking,Collection,Processing,Exploitation,and Dissemination in a Case-based Reasoning System[J].Advances in Intelligent Systems and Computing,2014,263:1-26.

[48] DUFOUR-LUSSIER V,LE BER F,LIEBER J,et al.Automatic Case Acquisition from Texts for Process-oriented Case-based Reasoning[J].Information Systems,2014,40:153-167.

[49] JERNE N K.Towards a Network Theory of the Immune Systems[M].Annual Immunology,1974,125C:373-389.

[50] SAVSANI P,JHALA R L,SAVSANI V,et al.Effect of Hybridizing Biogeography-based Optimization(BBO)Technique with Artificial Immune Algorithm(AIA)and Ant Colony Optimization(ACO)[J].Applied Soft Computing Journal,2014,21:542-553.

[51] ACILAR A M,ARSLAN A.A Novel Approach for Designing Adaptive Fuzzy Classifiers Based on the Combination of an Artificial Immune Network and a Memetic Algorithm[J].Information Sciences,2014,264:158-181.

[52] TSAI M-S,LIN YU-HSIU.Modern Development of an Adaptive Non-intrusive Appliance Load Monitoring System in Electricity Energy Conservation[J].Applied Energy,2012,96(8):55-73.

[53] LUO Y,LIAO M,YAN J,et al.Development and Demonstration of an Artificial Immune Algorithm for Mangrove Mapping Using Landsat TM[J].IEEE Geoscience and Remote Sensing Letters,2013,10(4):751-755.

[54] WADA K,TORIU T,HAMA H,et al.An Efficient Algorithm for Simultaneous Multiple

Fault Detection in Immunity-based System Diagnosis[J].International Journal of Innovative Computing,Information and Control,2014,10(5):1699-1794.

[55] 王要武.建筑系统工程学[M].2 版.北京:中国建筑工业出版社,2008.

[56] 郭亚军.综合评价理论、方法及应用[M].北京:科学出版社,2007.